玉米秸秆促腐还田效应研究

萨如拉 著

东北大学出版社

·沈 阳·

ⓒ 萨如拉　2023

图书在版编目（CIP）数据

玉米秸秆促腐还田效应研究 ／ 萨如拉著. — 沈阳：
东北大学出版社，2023.3
　ISBN　978-7-5517-3235-2

　Ⅰ. ①玉…　Ⅱ. ①萨…　Ⅲ. ①玉米秸－秸秆还田－研
究　Ⅳ. ①S816.5

中国国家版本馆 CIP 数据核字（2023）第 050830 号

出　版　者：东北大学出版社
　　　　　　地址：沈阳市和平区文化路三号巷 11 号
　　　　　　邮编：110819
　　　　　　电话：024－83680176（总编室）　83687331（营销部）
　　　　　　传真：024－83680176（总编室）　83680180（营销部）
　　　　　　网址：http://www.neupress.com
　　　　　　E-mail：neuph@neupress.com
印　刷　者：沈阳市第二市政建设工程公司印刷厂
发　行　者：东北大学出版社
幅面尺寸：185 mm×260 mm
印　　张：9.25
字　　数：208 千字
出版时间：2023 年 3 月第 1 版
印刷时间：2023 年 3 月第 1 次印刷
策划编辑：曹　明
责任编辑：廖平平
责任校对：白松艳
封面设计：潘正一

ISBN　978-7-5517-3235-2　　　　　　　　　　定　价：47.00 元

前　言

　　玉米是我国第一大粮食作物，面积和总产量均居第一，在保障国家粮食安全方面，占有重要的地位。西辽河平原地处世界玉米生产的黄金带，具有优越的光热资源和良好的井灌条件，是我国春玉米生产潜力较大的地区之一。但多年玉米连作导致地力下降，养分偏耗，成为阻碍玉米持续高产的关键问题。秸秆还田是改善农田生态环境，发展旱作农业，促进农业可持续发展的重大措施。近年来，随着机械化水平的提高，内蒙古中东部灌区逐步推广玉米秸秆还田，但由于该区域低温持续时间较长，秸秆腐解时间长，还田比例不足10%；利用微生物促进秸秆腐解以便加速秸秆还田培肥地力成为一种新型的秸秆还田方式。

　　本书包括玉米秸秆腐熟过程、内蒙古东部井灌区秸秆腐熟剂鉴选、石灰性灰色草甸土玉米秸秆还田效应分析、盐碱化草甸土秸秆还田效应等内容，设计了玉米秸秆降解菌系对玉米秸秆腐熟的影响，秸秆还田配施腐熟剂效果，秸秆还田方式、灌溉方式、施氮量、秸秆还田年限、秸秆还田量对秸秆还田效应的影响定位试验，研究了不同秸秆还田方式对土壤及春玉米的影响，以期为正确评价内蒙古中东部井灌区玉米秸秆还田的生态效应和建立科学合理的生态农业系统提供理论依据。

　　本书的研究成果和出版得到了国家自然科学基金"低温秸秆降解复合菌系作用机制与途径研究"（31960383）课题和中央引导地方科技发展资金项目"轻度盐碱地玉米大豆复合种植产量效率与地力协同提升生理生态机制"（2022ZY0032）资助，谨向项目资助部门和参与试验的相关人员表示感谢。

　　本书适用于农学、农业资源与环境科学类专业及相关专业的本科生和研究生阅读，也可作为各相关领域技术人员的参考书。由于著者水平有限，本书中难免存在疏漏或不足之处，敬请专家和读者批评指正。

萨如拉

2022 年 9 月

目 录

第 1 章　玉米秸秆腐熟过程

1.1　玉米秸秆主要成分

1.1.1　粗纤维含量很高

玉米秸秆是作物残余物中最丰富的木质纤维素生物质之一，主要由纤维素、半纤维素和木质素通过氢键及其他化学键、分子键结合而成，是具有复杂聚合结构的高分子化合物[1]。玉米秸秆的主要成分中，纤维素的质量分数为 49.23%，占比最高；其次为木质素和半纤维素，质量分数分别为 26.01% 和 22.76%[2]。纤维素是储量最丰富的天然大分子；木质素是木质纤维植物细胞壁中的三大组分之一，是植物界中仅次于纤维素的重要天然高分子化合物。木质素的结构非均一，木质素的复杂性不但表现在不同部位的木质素可能存在结构上的差异，而且同一部位的逐级分离的不同木质素组分也存在差异[3]。秸秆的主要成分是纤维，主要集中于细胞壁，细胞壁质量分数占 70% 以上，由纤维素、半纤维素、木质素组成。其细胞壁化学组成复杂和物理结构致密；同时，细胞壁纤维素结晶结构高度有序，具有疏水性[4]。酸性洗涤纤维由纤维素和木质素组成。玉米秸秆中含粗纤维（CF）31%~41%，中性洗涤纤维（NDF）约 80%，酸性洗涤纤维（ADF）约 53%，粗蛋白（CP）3%~5%，无氮浸出物约 42%，消化能为 2.092~4.184 kJ/kg（焦耳/千克）[5]，因此，玉米秸秆饲料具有低能量、高纤维和少蛋白等特性。NDF 是植物细胞壁的主要成分，主要包括纤维素、半纤维素和木质素，其含量代表纤维物质的总量。廖娜等[6]研究 13 个不同品种的成熟期玉米秸秆纤维素、半纤维素和木质素的质量分数，结果表明，不同品种的玉米秸秆纤维素、半纤维素和木质素的质量分数差异均显著。不同品种玉米茎的皮层/半径、厚壁组织比例、机械组织比例和纤维素质量分数、木质素含量与抗压强度呈极显著正相关；薄壁组织比例、茎长/茎粗、维管束个数与抗压强度呈极显著负相关[7]。影响茎秆抗压强度的主要因素为皮层/半径、机械组织比例、维管束个数、纤维素含量和木质素含量[7]。决定玉米茎秆抗压强度的主要因素为纤维素含量、木质素含量和单位面积维管束个数[8]。玉米秸秆不同部位间纤维素含量差异显著，半纤维素含量与纤维素含量有相同趋势；而木质素含量与纤维素含量呈负相关，中性洗涤物含量和灰烬含量与纤维素之间无相关性[4]。玉米秸秆不同部位酶解转化率差异显著；髓和叶的酶解程度相比之下远高于茎和叶鞘[4]。细胞壁孔隙度及纤维酶对底物的有效吸附性是限制玉米秸秆酶解转化的核心因素[4]。玉米秸秆分成叶子、髓、外皮三个部位，各部位的纤维素、半纤维素含量相近。叶子和髓的木质素含量低，结构疏松。秸秆外皮的木质素含量高，结构紧密，衍射峰较高[9]。

1.1.2　蛋白质含量低

玉米秸秆蛋白质质量分数一般为3%~6%。近年来，育种学家培养出许多蛋白质含量高、质量好的玉米品种。其中，中原单32和中单9409是典型代表。中原单32是由中国农业科学院原子能利用所选育而成的，其秸秆粗蛋白含量比普通杂交种秸秆粗蛋白含量增加4.7个百分点[10-11]。中单9409是中国农业科学院作物研究所培育的优质蛋白玉米品种，其籽粒粗蛋白质量分数为10.2%，赖氨酸质量分数为0.41%，比普通玉米提高60%以上，粗淀粉质量分数为71.7%，粗脂肪质量分数为3.6%[12-14]。

1.1.3　粗灰分含量高

其中大量是矽酸盐，矿物质和维生素含量都很低，特别是钙、磷含量很低，含磷质量分数变动在0.02%~0.16%。

国内有关不同生长期和不同部位的玉米秸秆化学成分的研究较多，大部分研究集中在玉米秸秆的化学组成，而对工业组成、元素组成、矿质元素等研究并不多。窦沙沙等[15]利用元素分析仪检测了玉米秸秆的元素组成。研究结果表明，玉米茎秆的碳质量分数为40%，氢质量分数为5%，氧质量分数为38%，灰分为8.7%。

1.2　玉米秸秆结构组成

农作物秸秆由细胞壁和细胞内容物组成。其中，细胞壁所占比例一般都在80%以上。细胞壁主要由纤维素、半纤维素、蛋白质和木质素组成。这些聚合体与少量的化合物（如乙酰基和酚酸）一同构成了复杂的三维立体结构。其他成分，如角质、单宁、蜡质和矿物质等，也是细胞壁的组成成分。细胞内容物主要是一些可溶性的碳水化合物、部分蛋白质等。细胞壁是围绕在植物原生质体外的一种复杂的网状结构，是具有一定弹性和硬度，参与维持细胞的形态，增强细胞机械强度的重要结构。作物秸秆的细胞壁是植物细胞的重要组成部分，在秸秆细胞中所占比例也最大，其中含有的结构性多糖类是反刍动物所能利用的重要营养物质。

秸秆细胞壁的主要成分是纤维素。它是由葡萄糖单位之间以糖苷键连接而成的无分支聚合物，以反式连接相连，从而形成扁带状的微纤维状。在自然界中，纤维素就以这种微纤维组成的结晶状态存在。微纤维之间又有氢键连接，可以与半纤维素相连。一般情况下，纤维素化学性能稳定，但在高温高压和酸性条件下，可以水解为葡萄糖。在反刍动物体内，其胃肠道中共生的微生物能够分泌纤维素酶等，将纤维素降解成乙酸、丙酸、丁酸等，因而能被反刍动物利用。纤维素具有特定的一级、二级、三级、四级结构，分别用聚合度、氢键作用力、结晶度和比表面积进行表征，而表征指标的变化可以代表纤维微观结构的变化，进而代表秸秆被降解的程度。

半纤维素在细胞壁中的含量仅次于纤维素，在细胞壁中通过氢键与纤维素，以及通过共价键与木质素相连接。半纤维素主要包括聚木糖类、聚葡萄甘露糖类和聚半乳糖葡萄甘露糖类三大类。禾本科植物中半纤维素的主要成分是聚木聚糖类，它通过 β-1，4 木糖残基连接而成的木聚糖骨架和支链形成。木聚糖单元在 C2 或 C3 位置可被乙酸、阿拉伯糖等取代，进而形成支链。半纤维素覆盖在纤维素微纤丝之外，并通过氢键将微纤丝交联成复杂的网格，形成细胞壁内高层次上的结构。纤维素、半纤维素和木质素三者紧密结合，构成植物细胞的主要成分。

木质素的基本结构单元是苯丙烷，通过醚键和碳碳键连接形成复杂的无定形高聚物。典型的木质素是由松柏醇、芥子醇和对香豆醇这 3 种不同的醇作为先体物质组成的基本结构。它能与半纤维素分子紧密交联形成疏水的网状结构，整个细胞壁成为一个紧密的网状，增加了细胞壁的机械强度和对病原体的抵抗能力。与此同时，也阻碍了反刍动物瘤胃微生物水解酶与细胞壁中的纤维素和半纤维素接触，从而降低纤维多糖的降解效率。因此，木质素被认为是抑制秸秆利用率提高的主要限制性因素。玉米秸秆中木质素质量分数可达到 19%~23%，直接影响玉米秸秆的利用效率。

1.3　玉米秸秆腐熟过程

还田作物秸秆的腐熟是在物理作用、化学作用，尤其是微生物作用下共同完成的，是一个复杂而漫长的过程。秸秆经微生物的分解转化作用，其中的营养成分才被作物吸收，这个转化过程常称为发酵或腐熟。有机物被微生物发酵腐熟的过程主要分为厌氧和好氧两大类。如厌氧沼气发酵；还田的秸秆分解是好氧发酵过程，是放热过程，也是多种微生物演替消长过程；秸秆发酵过程中，微生物酶解秸秆中的半纤维素、木聚糖和木质素聚合物的酯键，增加秸秆的柔软性和蓬松度。秸秆进一步被分解发酵。其中，纤维素转化为葡萄糖，理论上 1 kg 纤维素被水解可产生 1.11 kg 葡萄糖；半纤维素转化为木糖，理论上 1 kg 半纤维素被水解可产生 1.14 kg 木糖；木质素转化为腐殖酸，腐殖酸类物质的螯合结构提高了化肥和微量元素的有效率，并能刺激作物生长。微生物分解秸秆，吸收某些分解产物，最终将秸秆分解成简单的无机物，如 CO_2，H_2O，NH_3，SO_4^{2-} 和 PO_4^{3-}；尤其是一些特殊物质，如腐殖质、蜡质和许多合成化学物质，只有微生物才能分解。秸秆腐解过程主要分为两个阶段：快速腐解期和缓慢腐解期。快速腐解期是指秸秆还田初期秸秆中微生物偏嗜性高的可溶性糖类、蛋白质和（半）纤维素等物质的快速分解导致的秸秆快速腐解的时期。缓慢腐解期主要是指快速腐解期未被分解的、微生物利用程度不大的木质素、单宁和蜡质等物质，通过物理作用、化学作用逐步缓慢被分解的时期。对比腐解前后秸秆的红外谱图发现，腐解后的秸秆中纤维素、木质素和半纤维素等碳水化合物发生分解，使羟基和亚甲基基团减少，同时表明酚类化合物被氧化成醌类物质；秸秆中的蛋白质和氨基酸分解后生成酰胺类化合物、硝酸盐和铵盐[16]。秸秆腐解产物中羧基含量不断增加，酚羟基含量不断降低，说明其腐解过程为氧化过程，酚羟基被氧化为羧基[17]。王旭东等[18]进行了480天的玉米秸秆腐解试验后发现，随着腐解进行，腐解产物中的苯-醇溶性、水溶性组分下降，半纤维素和纤维素含量先上升后下降，而木质素增加。缓慢腐解期一般耗时较长，可达一年或更长时间。秸秆的主要组分是各种含碳化合物，还田后，一部分碳通过矿化分解，以 CO_2 的形式释放，另一部分碳在微生物及土壤酶的作用下，逐步分解转化，形成腐殖质在土壤中积累。因此，土壤微生物活性和土壤微生物群落结构的变化易于直观反映作物秸秆的腐解状况[19]。秸秆各组成成分腐解速率表现为半纤维素>纤维素>木质素[20]。

作物残体的分解是农业系统中影响养分循环和生产力的关键过程。秸秆还田当年腐解养分释放过程分为快速腐解期（还田 0～45 天）、腐解减缓期（还田 46～135 天）、腐解停滞期（还田 136～365 天）。秸秆经微生物腐熟发酵的过程是碳不断氧化的过程。随着碳的氧化，秸秆不断腐熟，其碳氮比值逐步降低。当碳氮比值下降到一定值时，常常作为人们考察秸秆是否腐熟的参考指标。秸秆在降解过程中提供的能量可用于生物固氮，微生物合成的多糖、氨基酸能促进土壤团粒结构的形成，使土壤保肥保水。土壤中的秸秆发酵腐熟后形成供肥缓冲体系，平衡释放不同的营养元素；秸秆有机肥一定程度上对化肥也有缓释作用。秸秆腐熟过程中，降解重金属和农业残留物的菌群大量繁殖。唐薇等[21]分析了腐熟前后的玉米秸秆营养成分的变化，结果表明，秸秆在腐熟过程中，不仅损失了大量氮素，而且部分无机氮、磷也转变成有机氮、磷。蚯蚓是土壤碳和氮循环的重要改良剂，土壤中蚯蚓活动对 CO_2 累积排放量没有影响，土壤微生物与蚯蚓的相互作用受蚯蚓种类的影响，从而影响土壤碳、氮动态[22]。蜗牛等微型动物使土壤表面的秸秆量分别减少19%和22%；在土壤表层以下，碎屑食性动物对分解的贡献较小；蜗牛等微型动物对分解的影响不是完全相加的[23]。

秸秆还田方式影响秸秆的腐解过程。秸秆还田方式不同，秸秆所处的自然环境、风化条件及与微生物接触程度和机会也不同。因此，秸秆腐解速率和养分释放特征也存在较大差异。前人研究还田的秸秆分解规律发现，露天处理的玉米秸秆生物量随着时间的延长逐渐减少，经还田 150 天后，46.6%的玉米秸秆生物量被分解；埋于土壤的玉米秸秆经过 150 天的腐解，38.9%～66.3%的玉米秸秆生物量被分解，埋于土壤的玉米秸秆分解速度明显高于露天处理。随着还田时间的增加，完好排列整齐紧密的组织结构变得模糊、松散，基本组织和维管束遭到破坏。就单个薄壁细胞而言，其细胞壁变薄，细胞排列疏松，细胞内物质消失，结构破裂模糊。混入土壤中的玉米秸秆腐解矿化速度比表面覆盖快[24]。土壤是秸秆腐熟的主要载体，玉米秸秆在有土壤的环境中比相同条件下没有土壤培养 100 天的腐熟率高 45%[25]；翻压还田方式下的秸秆分解速率高于覆盖还田方式下的秸秆分解速率，翻压还田方式下 95% 的秸秆分解所需时间比覆盖还田方式短 1 倍左右；秸秆翻压后的 2 个月内，秸秆整株还田分解量是秸秆还田总量的 31.19%，秸秆粉碎还田分解量是秸秆还田总量的 43.95%，整株还田的秸秆降解率明显低于粉碎还田；但作物生长后期整株处理和粉碎处理之间的秸秆分解速率差距逐渐缩小，1 年后分解率都达到 80%。不同耕作方式下，玉米秸秆在旋耕方式下腐解率最高，为 43.56%；其次是翻耕处理，为 42.28%；腐解率最低的是免耕方式，为 33.78%。发现玉米秸秆腐解率与腐解天数之间具有较高的相关性。种植一季作物后，还田的秸秆尚未完成腐殖化过程；免耕模式的秸秆腐解率和腐解速度显著低于常规耕作秸秆还田、旋耕秸秆还田、耙耕秸秆还田三种耕作模式，小麦和玉米两个生长季节后，仍有 37.78% 的玉米秸秆剩余，而且秸秆中纤维素质量分数为 20.69%[26]。秸秆还田后 0~60 天，深翻和免耕秸秆腐解率分别为 71.72% 和 84.17%。至 120 天后，腐解率分别为 23.07% 和 4.73%。240 天后，深翻和免耕秸秆腐解剩余率分别为 19.37% 和 39.45%。两者腐解的差异主要是由所处环境的温度和水分导致的[27]。翻埋还田有利于秸秆及其各组分腐解及养分释放，在免耕秸秆覆盖还田、深松秸秆翻埋还田和旋耕秸秆翻埋还田中，旋耕翻埋还田效果最佳，而免耕覆盖还田效果最差[28]；秸秆粉碎覆盖的还田方式比留茬还田方式小麦秸秆腐解率增加了 11%[29]。不同栽培措施对玉米秸秆腐解的影响不同，与玉米传统种植比较，覆膜加喷灌、覆膜和喷灌使玉米秸秆腐解率提高 2.1%~16.7%，对玉米秸秆腐解率大小影响的顺序为覆膜加喷灌>喷灌>覆膜。经过 180 天腐解后，玉米秸秆腐解率大小为：覆土覆膜>覆土>覆膜>面施。稻麦两熟地区麦田埋深 14 cm 的秸秆腐解速度最快，覆盖在表层较慢[30]。秸秆还田方式、耕作模式、栽培措施等均影响秸秆的腐解过程。

20 世纪 50 年代初，Bingeman 等用 ^{14}C 示踪法研究了有机质在土壤中的转化过程，促进了关于非矿化有机质的转化过程的研究。当微生物分解作物残渣作为能量和碳来源以支持其新陈代谢时，它们需要氮来构建细胞组分，从而导致生物质中的氮固定。另外，氮可以通过以下机制进入土壤有机质（SOM）：黏土矿物固定铵（NH_4^+），氨（NH_3）与苯酚或醌环缩合，以及亚硝酸盐（NO^{2-}）与酚类化合物的亚硝化[31]；当植物残体被归还到土壤中时，氮会经历生物固定-再矿化、非生物固定、土壤有机氮矿化和植物残体有机氮矿化；植物残体通过矿化、固定-矿化和固定三种机制改变无机氮的去向，具体取决于植物残体的性质和土壤性质[32]。生物和非生物因素对氮固定的贡献受土壤性质和作物残留质量的显著控制；当大量的碳以活性有机化合物的形式存在时，生物固氮可能是重要的；相反，木质素衍生的酚类化合物或其他顽抗性有机化合物的高比例有利于非生物氮固定。在氮限制的土壤中，氮有效性的增加有助于微生物活动，从而刺激生物过程；然而，当微生物代谢因氮有效性增加而从氮限制转变为碳限制时，非生物过程变得重要；在富氮条件下，非生物过程甚至超过生物过程占主导地位[31]。不稳定的有机碳有利于生物氮的固定；顽固的有机碳有利于非生物氮的固定；氮固定过程随着氮可用性的增加而变化[31]。玉米和小麦秸秆腐解过程中，气候条件是影响秸秆腐解的主要因素，其次是腐解时间和土壤类型。采用尼龙网袋法研究玉米秸秆的腐解特征发现，土壤温度是影响玉米秸秆腐解的主要因素，土壤湿度对其影响较小。水稻秸秆在冬季腐解缓慢，水稻生长季腐解迅速，还田 1 年后累积腐解率为 49.95%，还田 2 年累积腐解率为 78.77%；微生物秸秆降解过程在根际和根外土壤之间有一定的差异[33]。刘芳等[34]通过室内培养研究玉米秸秆腐解量与腐解时间的关系发现，玉米秸秆的腐解量随着培养时间延长而增加，培养的第 45 天，腐解量可达 45%，而 45 天后腐解速度明显下降。腐解的前 60 天，腐解速率均随着腐解时间延长而减小。S. A. Abro[24]通过室内模拟培养试验，25 ℃ 的恒温条件下玉米秸秆腐解培养 53 天，研究秸秆还田后在土壤中腐解特性，得出的结论为：玉米秸秆腐解效果最好的是碳氮比 20 和相对含水量为 85% 的组合；厌氧条件比好氧条件下玉米秸秆腐熟提高 1.1~1.3 个百分点[25]。秸秆腐解过程除需要合适的碳氮比值外，还需要一定的磷供应。玉米秸秆腐解期间，大约 40% 的秸秆有机碳会以 CO_2 的形式损失掉，其余的有望以有机碳形式补充土壤碳源。玉米秸秆还田经 1 年的分解后，秸秆分解率达到 81.44%~86.8%。通过对麦秆腐解规律的研究发现，麦秆腐解前期分解剧烈，出现分解高峰，剩下较难分解的麦秆木质素使麦秆分解速率日趋缓慢。麦秆腐解速率前 40 天较快，腐解率为 33.4%；80 天达到 42%；90 天达到 59.6%。麦收后残留 40.4% 的有机物供下茬作物使用。在模拟秸秆还田条件下，温度在 20~35 ℃ 之间，随着温度升高，小麦秸秆分解的 CO_2 释放量增加；土壤相对含水量在 30%~100% 之间，随着土壤含水量增大，小麦秸秆分解释放的 CO_2 量增加。还有研究指出，秸秆的分解率与土壤含水量呈正相关，秸秆分解时的土壤水分适宜区间为 15%~22.5%。在不同土壤和气候条件下，虽然同类物料因腐解季节不同，分解进程表现出一定差异，但年分解残留率均接近。秸秆腐解速率与土壤温度具有显著的相关性[26]。玉米秸秆粒径越大，木质素的降解率越高，腐殖化程度越高；发酵 25 天后，秸秆的降解率和木质素的降解速率均明显趋缓，秸秆处理最佳粒径为 4~5 cm[17]；肥力高的土壤能增加植物对残渣氮的利用，尤其是对秸秆氮素的利用，而肥力低的土壤有利于残渣氮素在土壤中的积累，尤其是根系氮素的积累[35]。土壤肥力和残留物类型会显著影响土壤-植物系统中玉米残留物氮的分配[35]。低肥处理增大了植物和土壤总氮中残留氮的贡献；处理结果显示，植物对残留氮的总吸收量较高[35]。种植冬小麦与未种植对照相比，小麦植株的存在提高了残渣碳和氮的回收率，主要是通过改变特定微生物的活性来诱导微生物对施用残渣的利用[36]；残留氮和碳回收率的增加主要是由革兰氏阴性菌引起的[36]。土壤中特定的真菌与土壤离子独立相关，应用有机改良剂可使土壤中的离子团发生改变，从而增强土壤真菌的潜在相互作用，形成一个更有组织、更有效率的群落[37]。

添加到土壤中的植物残体的分解通过引发效应（PE）的大小和方向影响原生土壤有机质（SOM）的矿化；土壤孔隙特征，即孔径分布（PSD），调节空气和液体通量，以及溶解的分解残渣向微生物的输送；与分解植物残渣相邻的土壤 PSD 在残渣及其分解产物的输送中起主要作用；土壤大孔隙的存在会刺激植物叶片残留物的分解，土壤小孔隙的存在会使分解产物发生更大的运动[38]。此外，秸秆品质，尤其是溶解性有机碳（DOC）和木质素对微生物群落发育和分解的影响最为明显[39]。微生物活性和养分释放受到有机物特性的影响，在大多数植物残体中，通过单独降低碳氮比和碳磷比，微生物活性受碳和氮的限制大于磷[40]。土壤成因对秸秆腐解过程中细菌群落组成和演替有意义。在秸秆腐解过程中，细菌群落的多样性增加；秸秆分解的开始是由多养菌、假单胞菌属、黄单胞菌科的 Stenotrophomonas 属和拟杆菌属的代表快速消耗秸秆中易得的有机物；寡养菌除放线菌外，以厚壁菌和部分拟杆菌为代表；秸秆分解第 3 天以变形菌门（Proteobacteria）、厚壁菌门（Firmicutes）和拟杆菌门（Bacteroidetes）为主，第 161 天以放线菌门（Actinobacteria）为主；整个观察期内，可能由于秸秆分解过程中形成了有效的有机物，根瘤菌科细菌的贡献显著[41]。不同质地（沙、沙壤土和粉质黏土）的冲积土壤上，小麦和玉米秸秆的田间分解 20 个月的监测试验结果可知，无论秸秆类型和土壤质地如何，秸秆生物量和 C 损失量在前 10 个月稳定增长，随后 10 个月趋于平稳；培养过程中秸秆的化学结构和主要微生物类群的组成均发生了变化；秸秆降解的前 4 个月，玉米秸秆降解与真菌（18：1ω9c）丰度的降低，以及革兰氏阴性菌（18：1ω7c 和 16：1ω7c）和革兰氏阳性菌（a15：0）丰度的增加有关；在 6~10 个月，丛枝菌根真菌（AMF）（16：1ω5c）和革兰氏阴性菌（cy19：0ω8c）的富集及真菌（18：2ω6，9c）丰度的降低，其中 AMF 在玉米和小麦秸秆的降解中都发挥了重要作用[42]。尽管土壤类型和气候条件有很大的差异，但我们发现，在消除温度的影响后，凋落物分解的动力学是相似的，这表明土壤性质没有可测量的影响；土壤质地、阳离子交换量、pH 值和水分等土壤性质指标虽然在不同地点之间差异很大，但对分解动力学的影响很小；在不同气候变化情景下，我们预测分解 50% 凋落物（即不稳定分数）所需时间将减少 1~4 个月，而分解 90% 凋落物（包括难分解组分）所需时间在较冷的站点将减少 1 年，在较暖的站点将减少长达 2 年。这些研究结果定量地证实了凋落物分解对温度升高的敏感性，并表明了气候变化如何制约未来的土壤碳储存，这种影响显然不受土壤性质的影响[43]。

添加微生物和氮肥能促进秸秆腐解，加快土壤中有机态磷的矿化。降解秸秆的酶类主要是纤维素水解酶、Cx 组分和 β 葡萄糖苷酶；降解秸秆的菌种在不同的土壤条件、温度条件下有所不同，其中以真菌中的木霉属分解能力较强；利用纤维素分解菌与木质素分解菌联合处理秸秆，并可用于沙质土壤改良[44]；秸秆降解后对土壤性状有明显的改善作用[44]。利用不同秸秆腐熟剂处理玉米秸秆的剩余物质重量、动态降解速度、动态累积降解率随着时间变化，其趋势大致相同，其降解作用基本分为三个阶段：快速降解期（0～12 天）、中速降解期（13～48 天）、慢速降解期（49～60 天）[45]。腐熟剂+尿素处理，可使寒地玉米秸秆腐解速度加快 20 天以上[46]；添加秸秆腐熟剂显著促进了免耕秸秆覆盖还田、深松秸秆翻埋还田和旋耕秸秆翻埋还田模式下的秸秆及各组分腐解和养分的释放，其中均以免耕覆盖还田提高最为显著[28]。添加秸秆和腐熟剂的土壤在前期以优势度高的微生物物种促进秸秆快速腐解，随着秸秆腐解时间的延长、微生物种类持续增加至秸秆腐熟中后期，土壤微生物种群分布趋于稳定[47]。与不接种未施菌剂对照相比，接种菌剂主要在早期对土壤细菌和真菌的群落结构产生较大的影响，而后期对土壤微生物群的影响不明显；秸秆还田后接种促分解菌剂，能在接种早期有效加快秸秆分解，而接种后随着时间的推进，其促进效果逐渐减弱，与之对应，土壤微生物群落结构早期差异明显，其后差异逐渐减小[48]。在调节秸秆碳氮比的前提下，施用促腐剂则促进了秸秆的快速腐解，使秸秆转化过程中氮素的净释放和磷素再次进入净释放的时间提前，利于作物生长发育和产量形成[49]。与不添加微生物催腐剂相比，添加微生物催腐剂能显著提高小麦秸秆腐熟效率和腐熟质量，大大缩短秸秆腐熟的时间[50]。有机物料催腐剂能够显著提高东北地区玉米和水稻秸秆还田技术效果[51]；在小麦秸秆粉碎覆盖的还田方式下，施用催腐剂可以促进夏玉米生长中后期还田秸秆的腐解[29]。在不同气候类型、还田条件、秸秆种类、土壤 pH 值和 SOM 含量水平下，催腐剂施用对秸秆腐解促进作用的显著性和强度存在差异[52]。施用催腐剂可提高秸秆腐解率 8.9%～13.1%[53]，生物秸秆催腐剂、EM 菌秸秆催腐剂、有机废物发酵菌曲均能有效促进玉米秸秆腐解。其中，EM 菌秸秆催腐剂的秸秆腐解程度最佳，翻埋 130 天后，其秸秆生物失重率为 49.9%[54]；在肥力较低土壤上施用催腐剂的效果要显著好于肥力较高的土壤[52]。与不施催腐剂相比，无论是在旱地还是在水田中施用催腐剂，均会显著促进还田秸秆的腐解，催腐剂在旱地对还田秸秆的促腐效果要显著高于水田[52]。腐解温度、含水量和催腐剂用量对腐解率的影响达到极显著水平（$P<0.01$）[55]。

玉米秸秆在中等肥力田块上矿化率最高，其次是高肥力田块，低肥力田块上的最低[18]。施肥影响土壤微生物和秸秆降解；水稻出 26 年采用施用化肥和有机改良剂两种施肥方式，只有极少数的群落生态类型参与了秸秆的降解，施肥使微生物物种向降解潜力大的物种转移，形成了更稳定高效的微生物群；施肥能够形成一个有序的分解菌群落，加速秸秆的降解[56]。有机碳源的添加明显抑制了有机氮的矿化进程，但这种抑制作用只是暂时的，最终将以有机氮的矿化分解为发展总趋势[57]。秸秆粉碎后加入催腐剂或农家肥均可促进秸秆的腐解和氮磷钾的释放[58]。施氮量在 103～133 kg/hm² 时，水稻秸秆腐解率较高[59]。与不施用尿素的土壤相比，施用尿素降低了 SOM 和玉米残体的分解[60]；施氮减缓了玉米残留物和土壤有机质的分解[60]。生物炭能够提高秸秆腐熟体系的升温速率和温度峰值，加快秸秆腐熟进程；生物炭能够提高秸秆腐熟过程中微生物活跃时期的 pH 值，提高秸秆腐熟体系的电导率（EC），为微生物降解有机物提供更适宜的环境；生物炭能够促进秸秆腐熟体系有机质的降解，增加秸秆腐熟体系的总养分含量，提高秸秆腐熟产物的品质[61]。残留物的添加显著增加了微生物的丰度，并改变了主要微生物类群的组成[62]。秸秆降解由好氧微生物进行，表现出明显的时间演替；在初始阶段，以快速生长的细菌为主，随后是以真菌为主，降解更复杂的碳化合物[33]。长期的矿质和有机肥通过改变 SOM 的功能组分，对微生物群落和活性有很强的影响；细菌对土壤有机质的物理和生化保护组分的变化比较敏感，而真菌对土壤有机质的化学保护组分的变化反应较多[63]。长期的堆肥投入促进了真菌对残渣碳的使用，并刺激了残渣的分解[62]。无论磷添加与否，氮添加均改变了土壤微生物群落组成和过程[64]。微生物过程由基质与它们之间的化学计量关系驱动；施肥间接影响由植被介导的微生物过程；土壤微生物群落和功能与土壤和植物参数相关[64]。添加氮肥或腐熟剂均能显著提高小麦秸秆腐解速率[65]；添加氮肥和腐熟剂能显著增加小麦秸秆腐解过程中过氧化物酶活性，协同促进小麦秸秆腐解；添加氮肥主要通过提高水解酶活性加速小麦秸秆腐解，而添加腐熟剂主要通过促进氧化酶活性加速小麦秸秆腐解；同时，添加氮肥和腐熟剂主要通过提高氧化酶活性，进而加速小麦秸秆腐解[65]。秸秆中与分解相关的微生物群落很可能主要源于原始秸秆，细菌和真菌群落随着秸秆的分解呈现不同的模式；施氮量对微生物群落组成和功能影响不大，但施氮显著提高了秸秆微生物组装速度，并对某些类群和碳、氮相关基因丰度产生显著影响，导致不同施氮量下秸秆分解速率不同[39]。施氮肥影响真菌多样性和 ITS 基因数量；不同浓度氮肥处理的土壤真菌群落组成不同；浓度较高的施肥处理影响大于浓度较低的施肥处理[66]。氮诱导的环境变化对土壤细菌和真菌群落的组成和潜在功能有相当大的影响，它们很可能依赖于植物与土壤的相互作用；中国半干旱草原施氮显著降低了土壤细菌多样性，真菌多样性随着施氮量增加而增加[67]。长期施用无机和有机肥后，碳有效性是影响微生物组成的重要因素[68]。添加新鲜有机物可以改变微生物群落结构和土壤聚集；秸秆碳主要位于大于 200 μm 的土壤组分，其中降解物最丰富[69]。秸秆降解物和总细菌群落之间的共同动态：革兰氏阴性菌在大于 200 μm 的土壤组分和孵化的早期阶段更为重要，而革兰氏阳性菌和放线菌在细小部分和孵化结束时占主导地位；细菌群落结构随着新的微生物栖息地的形成而迅速变化（在 2 天内）[69]。就土传疾病而言，成熟的秸秆堆肥比秸秆更安全[70]。当秸秆腐解率每提高 1% 时，作物的产量可增加 0.4%；秸秆促腐率和作物增产率具有协同增加的趋势，呈极显著的线性关系[52]。

对还田秸秆腐解过程研究结果归纳为：玉米秸秆腐解需要较长的时间，玉米秸秆还田经 1 年的分解后，秸秆分解率达到 80%；它的腐解快慢与田间含水量、气候条件、还田方式、碳氮比值、还田量和是否配施微生物菌剂等因素有关。玉米秸秆降解前期较快，大部分水溶性有机物和淀粉等易分解的物质被分解；剩下木质纤维素、蜡质等难分解的部分使得秸秆降解速度缓慢；随着还田时间的增加，秸秆慢慢被降解。作物秸秆本身的结构和组分是秸秆腐解的内在属性和决定因素；土壤微生物的种类、数量及活性是外在动力，易受到外界环境因素的影响。凡是能影响土壤微生物活动的因素都会对秸秆腐解产生影响。作物秸秆中木质素的含量较高，木质素的降解是秸秆还田后期腐解速率缓慢的关键制约因素；外施氮素对秸秆腐解的影响表现为"前促后抑"，即在秸秆还田初期，外施氮素，促进可溶性物质、（半）纤维素等的降解，加速秸秆腐解；而还田后期，抑制木质素等芳香类物质的分解，减慢秸秆腐解。

参考文献

[1] 聂德超,张卓,赵琛,等.蒸汽爆破技术在玉米秸秆饲料化利用中的研究进展[J].中国畜牧兽医,2021,48(12):4488-4496.

[2] 赵昊.玉米秸秆纤维素膜的制备、结构表征及在茶叶包装中的应用[D].合肥:安徽农业大学,2018.

[3] 文甲龙.生物质木质素结构解析及其预处理解离机制研究[D].北京:北京林业大学,2014.

[4] 徐显阳.玉米秸秆细胞壁纤维素可消化性机制研究[D].呼和浩特:内蒙古大学,2021.

[5] 谢涛,曹文龙,史云天.玉米秸秆饲料的现状及玉米秸秆穰颗粒饲料的应用[J].农业与技术,2010,30(1):66-68.

[6] 廖娜,陈龙健,黄光群,等.玉米秸秆木质纤维含量与应力松弛特性关联度研究[J].农业机械学报,2011,42(12):127-132.

[7] 姚敏娜,施志国,薛军,等.种植密度对玉米茎秆皮层结构及抗倒伏能力的影响[J].新疆农业科学,2013,50(11):2006-2014.

[8] 王庭杰,张亮,韩琼,等.玉米茎秆细胞壁和组织构建对抗压强度的影响[J].植物科学学报,2015,33(1):109-115.

[9] 刘海燕,廉士珍,王秀飞,等.玉米秸秆不同部位纤维组成和结构的研究[J].粮食与饲料工业,2017(11):55-58.

[10] 常海宏.青饲王:中原单32号[J].种子科技,2003(2):55-56.

[11] 唐秀芝,张维强,任继明,等.粮饲兼用玉米中原单32号的育成与推广[J].核农学报,2001,15(6):360-364.

[12] 田清震.优质蛋白玉米新品种:中单9409[J].中国农业信息,2003(8):5.

[13] 杜启星,田柿如,王海龙.优质蛋白玉米中单9409[J].河北农业,1998(2):17.

[14] 王继红,王吉红,宋加文.优质蛋白玉米中单9409制种高产技术[J].中国种业,2002(11):22.

[15] 窦沙沙,何芳,王丽红,等.玉米秸秆热解挥发分元素含量分析[J].可再生能源,2006(5):22-24.

[16] 陈帅,刘峥嵘,曾凯.腐秆剂对水稻秸秆腐解性能的影响[J].环境工程学报,2016,10(2):839-844.

［17］ 卢松.微生物处理玉米秸秆的腐解特征研究［D］.重庆:西南大学,2010.

［18］ 王旭东,陈鲜妮,王彩霞,等.农田不同肥力条件下玉米秸秆腐解效果［J］.农业工程学报,2009,25(10):252-257.

［19］ 杨军,陈效民,赵炳梓,等.土壤质地对秸秆分解的影响及其微生物机制［J］.土壤,2015,47(6):1085-1091.

［20］ 王雪鑫.还田模式和腐熟剂对玉米秸秆腐解特征及土壤养分含量的影响［D］.沈阳:沈阳农业大学,2020.

［21］ 唐薇,张传云,辛承松.秸秆腐熟前后氮磷钾养分状况变化的研究［J］.河南农业科学,2000(9):24-25.

［22］ HAMAMOTO T,UCHIDA Y.The role of different earthworm species(metaphire hilgendorfi and eisenia fetida) on CO₂ emissions and microbial biomass during barley decomposition［J］.Sustainability,2019,11(23):6544.

［23］ PANTELEIT J,HORGAN F G,TÜRKE M,et al.Effects of detritivorous invertebrates on the decomposition of rice straw:evidence from a microcosm experiment［J］.Paddy and water environment,2018,16(2):279-286.

［24］ ABRO S A.培养条件下小麦及玉米秸秆在土壤中的腐解特性研究［D］.咸阳:西北农林科技大学,2011.

［25］ 杨莉琳,丁新泉,张晓媛,等.华北还田夏玉米秸秆快速启动腐熟的研究［J］.中国土壤与肥料,2015(6):133-138.

［26］ 江晓东,迟淑筠,王芸,等.少免耕对小麦/玉米农田玉米还田秸秆腐解的影响［J］.农业工程学报,2009,25(10):247-251.

［27］ 柳新伟,刘君.免耕对玉米秸秆分解率的影响［J］.中国农学通报,2013,29(33):188-192.

［28］ 王雪鑫.还田模式和腐熟剂对玉米秸秆腐解特征及土壤养分含量的影响［D］.沈阳:沈阳农业大学,2020.

［29］ 耿丽平,薛培英,刘会玲,等.促腐菌剂对还田小麦秸秆腐解及土壤生物学性状的影响［J］.水土保持学报,2015,29(4):305-310.

［30］ 刘世平,陈文林,聂新涛,等.麦稻两熟地区不同埋深对还田秸秆腐解进程的影响［J］.植物营养与肥料学报,2007(6):1049-1053.

［31］ CAO Y S,ZHAO F L,ZHANG Z Y,et al.Biotic and abiotic nitrogen immobilization in soil incorporated with crop residue［J］.Soil and tillage research,2020,202:1-4.

［32］ CHEN B Q,LIU E K,TIAN Q Z,et al.Soil nitrogen dynamics and crop residues:a review.［J］.Agronomy for sustainable development,2014,34(2):429-442.

［33］ MAARASTAWI S A,FRINDITE K,GEER R,et al.Temporal dynamics and compartment specific rice straw degradation in bulk soil and the rhizosphere of maize［J］.Soil biology and biochemistry,2018,127:200-212.

[34] 刘芳,王明娣,刘世亮,等.玉米秸秆腐解对石灰性褐土酶活性和有机质质量分数动态变化的影响[J].西北农业学报,2012,21(4):149-153.

[35] XU Y D,DING X L,LAL R,et al.Effect of soil fertility on the allocation of nitrogen derived from different maize residue parts in the soil-plant system[J].Geoderma,2020,379:114632.

[36] LI Z Q,ZHAO B Z,OLK D C,et al.Contributions of residue-C and-N to plant growth and soil organic matter pools under planted and unplanted conditions[J].Soil biology and biochemistry,2018,120:91-104.

[37] XUE C,RYAN P C,ZHU C,et al.Alterations in soil fungal community composition and network assemblage structure by different long-term fertilization regimes are correlated to the soil ionome[J].Biology and fertility of soils,2018,54(1):95-106.

[38] TOOSI E R,KRAVCHENKO A N,GUBER A K,et al.Pore characteristics regulate priming and fate of carbon from plant residue[J].Soil biology and biochemistry,2017,113:219-230.

[39] ZHONG Y Q W,LIU J,JIA X Y,et al.Microbial community assembly and metabolic function during wheat straw decomposition under different nitrogen fertilization treatments[J].Biology and fertility of soils,2020,56:1-14.

[40] NGUYEN T T,MARSCHNER P.Soil respiration,microbial biomass and nutrient availability in soil after addition of residues with adjusted N and P concentrations[J].Pedosphere,2017,27(1):76-85.

[41] ORLOVA O V,KICHKO A A,PERSHINA E V,et al.Succession of bacterial communities in the decomposition of oats straw in two soils with contrasting properties[J].Eurasian soil science,2020,53(11):1620-1628.

[42] LI D,LI Z Q,ZHAO B Z,et al.Relationship between the chemical structure of straw and composition of main microbial groups during the decomposition of wheat and maize straws as affected by soil texture[J].Biology and fertility of soils,2020,56(1):11-24.

[43] GREGORICH E G,JANZEN H,ELLERT B H,et al.Litter decay controlled by temperature,not soil properties,affecting future soil carbon[J].Global change biology,2017,23(4):1725-1734.

[44] 史央,蒋爱芹,戴传超,等.秸秆降解的微生物学机理研究及应用进展[J].微生物学杂志,2002(1):47-50.

[45] 孙泽群.秸秆腐熟还田及其对黑土肥力的影响研究[D].哈尔滨:东北农业大学,2019.

[46] 张楠,刘杰,于洪久,等.寒地玉米秸秆生物腐熟后断裂拉力值和减重值的变化[J].黑龙江农业科学,2020(7):68-70.

[47] 黄玲,张自阳,赵若含,等.秸秆配施腐熟剂对土壤细菌群落及养分状况的影响[J].土壤通报,2019,50(6):1361-1369.

[48] 李培培,张冬冬,王小娟,等.促分解菌剂对还田玉米秸秆的分解效果及土壤微生物的影响[J].生态学报,2012,32(9):2847-2854.

[49] 张电学,韩志卿,刘微,等.不同促腐条件下玉米秸秆直接还田的生物学效应研究[J].植物营养与肥料学报,2005(6):36-43.

[50] 张默焓.腐熟秸秆对玉麦轮作田生态系统影响的定位试验研究[D].合肥:安徽农业大学,2019.

[51] 张丽霞,王俊文,王立春,等.有机物料腐熟剂在东北农作物秸秆还田上的应用[J].东北农业科学,2018,43(6):5-8.

[52] 杨欣润,许邶,何治逢,等.整合分析中国农田腐秆剂施用对秸秆腐解和作物产量的影响[J].中国农业科学,2020,53(7):1359-1367.

[53] 朱敏,于和平,涂国良,等.秸秆腐熟剂对玉米秸秆腐熟及土壤肥力的影响[J].甘肃农业科技,2021,52(12):14-21.

[54] 勉有明,李荣,侯贤清,等.秸秆还田配施腐熟剂对砂性土壤性质及滴灌玉米生长的影响[J].核农学报,2020,34(10):2343-2351.

[55] 苏瑶,贾生强,何振超,等.利用响应曲面法优化秸秆腐熟剂的腐解条件[J].浙江农业学报,2019,31(5):798-805.

[56] ZHAN Y S,LIU W J,BAO Y Y,et al.Fertilization shapes a well-organized community of bacterial decomposers for accelerated paddy straw degradation[J].Scientific reports,2018,8(1):1-10.

[57] 鲁彩艳,陈欣.有机碳源添加对不同 C/N 比有机物料氮矿化进程的影响[J].中国科学院研究生院学报,2004(1):108-112.

[58] 周柳强,黄美福,罗文丽,等.粉碎和添加菌剂对红壤区自然堆沤条件下稻秆养分释放的影响[J].生态学报,2014,34(18):5200-5205.

[59] 王麒,宋秋来,冯延江,等.施用氮肥对还田水稻秸秆腐解的影响[J].江苏农业科学,2017,45(11):197-201.

[60] LI X G,JIA B,LV J T,et al.Nitrogen fertilization decreases the decomposition of soil organic matter and plant residues in planted soils[J].Soil biology and biochemistry,2017,112:47-55.

[61] 刘赛男,高尚,程效义,等.玉米秸秆生物炭对秸秆腐熟进程、养分含量和 CO_2 排放量的影响[J].应用生态学报,2019,30(4):1312-1318.

[62] LI Z Q,SONG M,LI D D,et al.Effect of long-term fertilization on decomposition of

crop residues and their incorporation into microbial communities of 6-year stored soils [J].Biology and fertility of soils,2020,56(1):25-37.

[63] YANG F,TIAN J,FANG H J,et al.Functional soil organic matter fractions,microbial community,and enzyme activities in a mollisol under 35 years manure and mineral fertilization[J].Journal of soil science and plant nutrition,2019,19(2):430-439.

[64] CHEN W J,ZHOU H K,WU Y,et al.Direct and indirect influences of long-term fertilization on microbial carbon and nitrogen cycles in an alpine grassland[J].Soil biology and biochemistry,2020,149:107922.

[65] 朱远芃,金梦灿,马超,等.外源氮肥和腐熟剂对小麦秸秆腐解的影响[J].生态环境学报,2019,28(3):612-619.

[66] ZHOU J,JIANG X,ZHOU B K,et al.Thirty-four years of nitrogen fertilization decreases fungal diversity and alters fungal community composition in black soil in northeast China[J].Soil biology and biochemistry,2016,95:135-143.

[67] LIAO L R,WANG X T,WANG J,et al.Nitrogen fertilization increases fungal diversity and abundance of saprotrophs while reducing nitrogen fixation potential in a semiarid grassland[J].Plant and soil,2021(2):1-18.

[68] TIAN U,LOU Y L,GAO Y,et al.Response of soil organic matter fractions and composition of microbial community to long-term organic and mineral fertilization[J].Biology and fertility of soils,2017,53(5):523-532.

[69] BLAUD A,LERCH T Z,CHEVALLIER T,et al.Dynamics of bacterial communities in relation to soil aggregate formation during the decomposition of 13 C-labelled rice straw[J].Applied soil ecology,2012,53:1-9.

[70] SUGAHARA K,KATOH K.Comparative studies on the decomposition of rice straw and straw compost by plant pathogens and microbial saprophytes in soil[J].Soil science and plant nutrition,2012,38(1):113-122.

第 2 章　内蒙古东部井灌区秸秆腐熟剂鉴选

2.1　秸秆腐熟剂研究进展

我国年产约 8 亿 t 农作物秸秆[1]，如何处理和利用这些资源，是迫切需要解决的现实问题。农作物秸秆是籽实收获后留下的含纤维成分很高的作物残留物，包括禾谷类、豆类、薯类、油料类、麻类，以及棉花、甘蔗、烟草、瓜果等多种作物的秸秆。秸秆还田不仅可以增加土壤有机质和速效养分含量[2]，培肥地力，缓解氮、磷、钾肥比例失调的矛盾；调节土壤物理性能[3]，改造中低产田；形成土壤有机质覆盖，抗旱保墒[4]；而且可以增加作物产量[5]，优化农田生态环境[6]。但传统的秸秆还田，秸秆腐解慢，影响作物前期生长发育。自然条件下，由于秸秆结构稳定，分解腐熟相当慢，在水田、旱地和林地中，秸秆一年的腐解残留率分别为 57.74%[7]、47.83%[8] 和 52.38%[9]。若将大量的秸秆先堆制腐熟后施入农田，因需要较多的劳力和较烦琐的过程，而难以推广。实现秸秆直接还田，必须加速秸秆腐熟；应用含有秸秆腐解功能菌的制剂，即腐熟菌剂，加速秸秆腐熟，实现秸秆直接还田的目的。

2.1.1　腐熟剂的种类及生产情况

推广秸秆还田腐熟技术，关键是选用高效的秸秆腐熟剂，才能解决秸秆还田时间短、腐烂不够等问题。秸秆腐熟菌剂是指能加速农作物秸秆分解、腐熟的微生物活体制剂；采用现代化学、生物技术，经过特殊的生产工艺生产的微生物菌剂；是加工有机肥料的重要原料之一。

目前有许多商品化的秸秆腐熟菌剂已在生产上应用，如日本微生物学家研发的酵素菌可直接用于秸秆肥制作，达到秸秆还田目的。我国微生物有机物料腐熟菌剂的生产企业有 43 家，登记的腐熟菌剂产品 43 个，主要有福贝复合菌、HM 菌种、满园春生物发酵剂、腐秆灵、CM 菌、酵素菌、民得富秸秆腐熟剂等。这些菌剂可将各种作物秸秆等废弃物快速变成有机肥料，主要为畜禽粪便和农作物秸秆等，多数产品针对畜禽粪便研发；总产能为 25000~30000 吨/年，生产企业分布于 18 个省市。

生产上应用秸秆腐熟菌剂前要进行菌种的安全性试验、产品毒理学试验和效果试验；要求秸秆腐熟菌剂产品的菌种组合配比科学合理，含有腐熟功能的多个微生物菌种组成。如福贝复合菌由真菌、放线菌、细菌、酵母菌四大类14个菌种组成；满园春生物发酵剂内含具有特殊功能的芽孢杆菌、丝状真菌、放线菌和酵母菌；腐秆灵含有大量的分解纤维素、半纤维素、木质素和多种微生物菌群，既有嗜热、耐热的菌种，也有适应中温的菌种；CM菌主要由光合菌、酵母菌、醋酸杆菌、放线菌、芽孢杆菌等组成；酵素菌是由能产生多种酶的好（兼）气性细菌、酵母菌和霉菌组成的有益微生物群体；民得富秸秆腐熟剂新型高效活性微生物复合菌剂，是由高效分解木质纤维素及其他生物有机物质的功能菌株（如枯草芽孢杆菌、解淀粉芽孢杆菌、米曲霉）组成的。腐熟菌剂中的功能微生物能在田间尽快地生长、繁殖，数量上增加迅速，成为优势菌群，这样才能起到加速腐熟秸秆的效果。

根据秸秆种类、应用区域和使用方式选择适宜的腐熟剂，不同的秸秆种类（水稻、小麦、玉米、油菜等）选用不同微生物组成的腐熟菌剂。就地直接平铺式还田在有水的条件下（水稻秸秆的平铺还田），应选用兼性厌氧微生物（细菌、真菌或放线菌）组成的腐熟菌剂；在旱地条件下，选择好氧微生物（真菌）为主要成分的腐熟菌剂。秸秆平铺还田优先选用中低温菌组成的腐熟菌剂；对沟埋或堆腐方式，就应选用由中高温微生物组成的腐熟菌剂。

2.1.2 腐熟剂的施用效果

关于接种微生物对秸秆腐熟和堆肥进程及堆肥产品品质的效果，目前学术界仍有不同的看法。有些学者认为，接种微生物对加快堆肥化进程或提高堆肥产品质量没有明显促进作用，但多数学者认为，接种腐熟菌剂可以提高堆肥微生物数量，从而可以加速堆肥反应进程。郑明强等[1]用3种不同腐熟剂对玉米秸秆作堆腐腐解试验，结果表明，不同腐熟剂与对照（玉米秸秆）相比可增加有机质5.6%~15.3%；不同腐熟剂加入尿素堆腐与对照（玉米秸秆+尿素0.4 kg）相比可增加有机质11.5%~13.4%。李飒等[2]采用室内模拟法研究以玉米秸秆作底物，在pH值为6.5、温度27 ℃的环境中，向土壤施加外源纤维素酶对底物酶解率的影响。结果表明，加酶处理总酶活高于不加酶处理酶活，同时添加外源纤维素酶有助于提高土壤原生纤维素酶的底物酶解率。韩玮等[3]采用室内培养法研究外源纤维素酶对秸秆降解速率及土壤速效养分的影响。结果表明，整个培养期内，小麦秸秆、玉米秸秆加酶处理与不加酶处理秸秆降解率都存在极显著差异（$p < 0.01$）。培养结束时，小麦秸秆加酶处理秸秆降解率高出不加酶处理7.10%~11.86%，玉米秸秆降解率高出8.01%~14.04%；整个培养期内，小麦秸秆、玉米秸秆加酶处理与不加酶处理间土壤碱解氮、速效磷、钾含量都存在极显著差异（$p < 0.01$），培养结束时，小麦秸秆最优处理后，碱解氮、速效磷、钾含量分别高出对照4.15，3.60，32.35 mg/kg，玉米秸秆处理后，以上指标分别高出6.50，4.27，47.97 mg/kg。

韩玮等[4]研究认为，秸秆配施纤维素酶还可以促进后季作物生长，施酶处理盆栽小麦籽粒产量、叶绿素含量、根系活力、株高、生物量分别比对照高出 17.52%~29.61%、0.170~0.344 mg/g、13.00~27.88 μg/（g·h）、5.24~9.86 cm、3.12~4.97 g。

于艳辉等[5]研究了添加 5 种微生物菌剂（金宝贝、满园春、有机物速腐剂、HM 发酵剂和青岛龙力发酵剂）对粉碎玉米秸秆发酵腐熟效果和发酵过程中堆料温度、体积、营养的动态变化，结果表明，添加外源微生物菌剂能有效加快发酵过程并显著影响营养元素的动态变化。于建光等[6]认为，秸秆还田时施用催腐剂有助于土壤微生物群落活性与多样性的提高，同时，也有利于改善土壤养分状况，催腐剂与尿素配合施用效果最佳。谢柱存等[7]研究了 3 种秸秆腐熟菌剂在秸秆还田中的应用效果，3 种秸秆腐熟菌剂对秸秆催腐作用及对水稻产量的影响差异不明显。温从雨等[8]使用瑞莱特牌微生物催腐剂进行大田对比试验，施用菌剂 1 个月后，对比试验两处理秸秆腐熟状况均不明显，水稻秸秆呈灰白色，手有戮痛感、无味、干燥。林华[9]的研究结果表明，应用秸秆腐熟剂的 4 个处理（全量秸秆还田加 4 种腐熟剂）与不用腐熟剂的处理对比，增产 7.7%~12.5%，在水稻田中实行秸秆还田结合使用腐熟剂 30 kg/hm² 效果显著。于建光等[6]研究表明，秸秆腐熟剂以不同施用方式进入土壤后，土壤微生物群落组成与活性相应发生显著变化，早期土壤中细菌和真菌数量增加，腐熟剂施用 90 天后土壤中全磷、速效磷和速效钾的含量均有不同程度的增加。

近几年，很多研究单位和厂家生产的秸秆腐熟剂存在问题，催腐剂腐熟过程太长，一般为 15~30 天，例如，EM 液作饲料发酵秸秆不行；腐熟剂用量大，成本高，现市场几家产品几乎是每 500 g 腐熟剂只能制作 25 kg 秸秆和牧草饲料，零售价为 20~30 元，成本高，农户不易接受，不利于大面积推广。

2.1.3　秸秆腐熟剂作用机理

秸秆腐熟剂作用机理实质是有机物的微生物分解代谢原理。秸秆腐熟剂中含有多种微生物，其大量繁殖将作物秸秆有效地分解成作物所需要的氮、磷、钾等大量元素和钙、镁、锰、钼等微量元素，能够有效改良土壤团粒结构，具有提高土壤通气和保肥保水功能，并且能产生热量和一定量的二氧化碳，从而改善作物生长环境并促进秸秆有效利用。

秸秆腐熟需要产纤维素酶、半纤维素酶、木质素酶的多种微生物共同参与，进行逐步有序的接力分解过程，即多种微生物协同作用才能完成秸秆腐熟。选用腐熟秸秆的微生物种类，是研发和生产秸秆腐熟菌剂的基础；含有纤维素酶、半纤维素酶、木质素酶的微生物腐熟菌剂是保证秸秆腐熟效果的基础。产纤维素酶的菌种有芽孢梭菌属[6]（*Clostridium*）、食纤维梭菌[6]（*Clostridium cellulovorans*）、黄色瘤胃球菌[10]（*Ruminococcus flavefaciens*）、白色瘤胃球菌[11]（*Ruminococcus albus*）、产琥珀酸丝状杆菌[11]

（*Fibrobacter succinogenes*）、溶纤维丁酸弧菌[12]（*Butyrivibrio fibrisolvens*）、热纤梭菌[13]（*Clostridium thermocellum*）、解纤维梭菌（*Clostridium cellulolyticum*）；粪碱纤维单胞菌（*Cellulomonas fimi*）、纤维单胞菌属（*Cellulomonas*）、纤维弧菌属（*Cellvibrio*）、运动发酵单胞菌（*Zymomonas mobilis*）、混合纤维弧菌（*Cellvibrio mixtus*）、噬胞菌属（*Cytophaga*）等细菌[14]；真菌有里氏木霉[15]（*Trichoderma reesei*）、绿色木霉[16]（*Trichoderma viride*）、米根霉[17]（*Rhizopus oryzae*）、米曲霉[18]（*Aspergillus oryzae*）、黑曲霉[19]（*Aspergillus niger*）、拟青霉（*Paecilomyces Bainier*）、斜卧青霉（*Penicillium decumbens*）等；放线菌有分枝杆菌（*Mycobacterium*）、诺卡氏菌（*Nocardia*）、小单孢菌（*Micromonospora*）、唐德链霉菌（*Streptomyces tendae*）、黑色旋丝放线菌（*Actinomyces melanocyclus*）、链霉菌属（*Streptomyces*）等。产半纤维素酶的菌种有热纤梭菌（*Clostridium thermocellum*）、解纤维梭菌（*Clostridium cellulolyticum*）、溶纤维丁酸菌（*Butyrivibrio fibrisolvens*）、枯草芽孢杆菌（*Bacillus subtilis*）、短小芽孢杆菌（*Bacillus pumilus*）、梭状芽孢杆菌（*Clostridium* sp.）等细菌；真菌有曲霉（*Aspergillus*）、木霉（*Trichoderma*）、黑曲霉（*Aspergillus niger*）、青霉（*Penicillium*）、拟青霉菌属（*Paecilomyces Bainier*）等；放线菌有链霉菌属（*Streptomyces*）、诺卡氏菌形放线菌（*Nocardioform actinomycetes*）等。产木质素酶的菌种中很少有产木质素的细菌；真菌有白腐菌（*Phanerochaete chrysosporium*）、褐腐菌（*Lentinus edodes*）、黄孢原毛平革菌（*Phanerochaete chrysosporium*）、彩绒革盖菌（*Coriolusversicolor*）、变色栓菌（*Trametes versicolor*）、射脉菌（*Phlebiaradiata*）等；放线菌有链霉菌（*Streptomyces*）、诺卡氏菌（*Nocardia*）、节杆菌（*Arthrobacter*）、小单孢菌（*Micromonospora*）等。

腐熟剂施于秸秆上经过 5~7 天适应期，微生物开始无序自由地繁殖、生长。先是土壤与秸秆交接处出现大量菌丝菌落，接触耕地面的秸秆出现水浸状，此时期为定植期。定植完成后，微生物大量繁殖，其种群数量迅速扩大，开始依赖秸秆韧皮部，蜡质层脱落，纤维素表面积增大，使水解充分，利于微纤维分解，胞外酶苷键进行攻击，此时期为繁殖生长期。此后进入生长繁殖期，主要以微生物个体细胞生长为主、繁殖为辅，纤维素分解菌大量生长，表现为秸秆纤维素松软，经机械搓揉秸秆可碎裂成小块，即营养源大量消耗，转变成代谢产物，此期的维系时间相对较长。随着营养源物质充分、完整破坏，代谢产物的堆积，碳氮比下降，微生物的生长进入死亡期或衰退期，微生物的繁殖基本停止，秸秆基本腐熟完毕。

2.1.4 秸秆腐熟菌剂研发趋势

今后腐熟菌剂研发趋势：筛选分解腐熟秸秆功能更强的菌株，挖掘新资源；组合各功能菌群，开发新组合；研发针对秸秆的专用微生物菌剂，生产专用秸秆腐熟剂；研发低温腐熟菌剂，提高北方地区秸秆资源的利用率。

2.2　秸秆腐熟剂对玉米种子萌发及幼苗生长的影响

内蒙古自治区是我国玉米主产区之一，玉米连作是该地区主要种植方式，近年来，种植面积不断扩大[20]。秸秆是土壤氮素的重要物质来源，增加效果取决于秸秆类型和还田量[21]。不同地区适宜还田量不同，东北旱地秸秆还田进行黑土培肥，需不低于67%收获量的秸秆持续还田才能维持土壤对氮素的保持功能[22]；在南方双季稻生产中，半量早稻和晚稻秸秆均还田对提高早稻产量效果最优[23]；江淮丘陵地区小麦秸秆中等还田量（3750 kg/hm²）配施秸秆腐熟剂，水稻增产作用更明显[24]；在黄淮海冬小麦-夏玉米一年两熟潮土区半量秸秆还田（玉米秸秆约为 3840.6 kg/hm²+小麦秸秆约为 4097.2 kg/hm²）下浚单 20 籽粒产量最高，而郑单 958 在全量秸秆还田下产量表现最好[25]；黄土高原有灌溉条件的地区玉米秸秆还田量为 9000 kg/hm²，可使接茬冬小麦显著增产 7.47%[26]。北方干旱缺水地区玉米秸秆还田 6000 kg/hm² 处理效果最好[27]。内蒙古区域年均气温较低，并且低温持续时间较长，导致秸秆降解转化周期长，难以作为当季作物的肥源，秸秆降解难是制约该区域秸秆还田的关键因素。秸秆腐熟剂的应用被认为是加速还田秸秆腐解常用的方法，但腐熟剂功能微生物对于分解底物具有较强的特异性。在秸秆腐熟过程中，堆料浸提浓度的不同对浸出物的量和种类影响很大[28-29]，不同浸出物又可以通过释放不同的化感物质对植物生长产生促进或抑制的化感作用[30-31]。腐解时间较短的秸秆腐解液会对玉米产生逆境胁迫，造成植株内源激素代谢紊乱，抑制植株生长，加速植株衰老[32]。玉米连作会导致化感物质的积累[33]，也会影响根系分泌物的分泌和累积，进而影响化感作用的强弱[34]；植物根系属性对化感物质的响应主要受化感物质类型和添加浓度、植物种类与培养条件等多因素影响[35]。玉米根系分泌物可降低酚酸类物质对土壤微生物活性、微生物量、酶活性及养分含量的化感指数，以低浓度处理的降幅较大[36]；随酚酸浓度升高，酚酸对促腐菌抑制作用越明显，促腐菌纤维素酶活性受酚酸影响[37]。玉米秸秆浸提液对蔬菜[38-40]、玉米[41]、小麦[41]、大豆[41-42]、桔梗[43]、黄芩[44]、荠菜[45]种子影响效果不同，如未腐熟玉米秸秆对黄瓜幼苗的生长具有一定的促进作用，可代替部分草炭用于育苗基质的配制[46]。内蒙古地区适宜秸秆还田量没有明确的范围，秸秆腐熟剂对化感作用的影响研究较少。课题组前期研究结果表明，未腐熟玉米秸秆浸出液对玉米种子的萌发表现出"低促高抑"的化感作用[47]，施用秸秆腐熟剂+秸秆填埋量高的处理的土壤培肥效果最佳[48]。本次试验旨在前期研究的基础上探讨施加腐熟剂是否减弱或消失化感作用，可减轻因自毒作用而带来的连作障碍；明确施用秸秆腐熟剂条件下，促进玉米幼苗生长的秸秆添加量。

为了探究秸秆还田配施腐熟剂对玉米幼苗的影响，以 40，50，60，70 g/L 玉米秸秆-土壤浸出液自然发酵及腐熟剂发酵液为试材，用滤纸培养及盆栽法和常规方法测定种子发芽率、幼苗根长、根数、株高、幼苗鲜重、游离脯氨酸和丙二醛含量。结果表明，随着发酵液浓度的增加，种子发芽率、根长、根数、根系鲜重、株高、叶片鲜重均呈先增加后降低的趋势；相同浓度腐熟剂发酵液上述指标值均大于自然发酵液；50 g/L自然发酵和60 g/L腐熟剂发酵液种子发芽率较高；腐熟剂发酵液显著增加幼苗根长；50 g/L腐熟剂发酵液极显著增加根数；各处理对幼苗根鲜重、叶片鲜重和株高无显著影响。50 g/L自然发酵液、60 g/L腐熟剂发酵液根系和叶片游离脯氨酸及丙二醛（MDA）含量与土壤浸出液无显著差异；总体看，50 g/L自然发酵及60 g/L腐熟剂发酵液对玉米幼苗生长有显著促进作用。玉米秸秆配施腐熟剂发酵可减弱化感作用，秸秆还田配施腐熟剂时可适当增加秸秆还田量。

2.2.1 材料与方法

2.2.1.1 试验时间和地点

2019年9—12月在内蒙古民族大学农学院农业资源与环境实验室进行。

2.2.1.2 试剂材料

供试玉米为伟科702，供试材料为成熟后收获的玉米秸秆。

玉米秸秆发酵液制备：收获期玉米秸秆地上部分植株烘干粉碎，称取40，50，60，70 g各两份，一份加入中农绿康秸秆腐熟剂，另一份未加腐熟剂，均加入恰好能使秸秆湿润的适量土壤浸出液（水土比5∶1），于室温下发酵10天[38]，补充土壤浸出液至1000 mL，经4层定性滤纸抽滤得发酵液，质量浓度为40，50，70 g/L，标记为J40、J50、J60、J70、JF40、JF50、JF60、JF70，置入冰箱内4 ℃保存。

2.2.1.3 试验方法

选取籽粒饱满、大小一致的经消毒后的玉米种子各50粒，分别放入铺有双层滤纸的培养皿中，用上述8个浓度玉米秸秆发酵液浸泡，以土壤浸出液（CK1）、土壤浸出液加腐熟剂（CK2）为对照，共设置10个处理，5次重复。首次注入液体20 mL，置于恒温箱内避光培养，以后每天注入液体3 mL；以胚芽长超过种子长度1/2为发芽标准；测定发芽率、发芽指数和活力指数。

$$发芽率=计数发芽数/发芽试验样品粒数×100\% \qquad (2-1)$$

$$发芽指数=\sum Gt/Dt \qquad (2-2)$$

其中，Gt为第t天的发芽种子数，Dt为相应发芽天数；

$$活力指数（VI）=发芽指数×种子平均根长 \qquad (2-3)$$

种子发芽后进行盆栽，每天定量浇相应浓度的发酵液，以保证其正常生长。5叶期测定株高、根长、根数、根系和叶片鲜重；采用硫代巴比妥酸法测定根系和叶片MDA含量；测定根系和叶片游离脯氨酸含量。

2.2.1.4　数据分析

采用 Microsoft Excel 2003 和 DPS7.05 统计软件分析数据。

2.2.2　结果与分析

2.2.2.1　玉米秸秆发酵液对玉米种子发芽率的影响

由表 2-1 可知，随着发酵液浓度的升高，种子发芽率呈下降趋势，但低浓度发酵液可提高种子发芽率；J40、J50、CK2、JF40、JF50 均能提高玉米种子发芽率和发芽指数。J40、J50、CK2、JF40、JF50、JF60 活力指数大于 CK1，其余活力指数均小于CK1。

表 2-1　不同浓度发酵液对发芽率的影响

处理	CK1	J40	J50	J60	J70	CK2	JF40	JF50	JF60	JF70
发芽率	94%	100%	96%	84%	60%	100%	100%	97%	95%	65%
发芽指数	13.43	14.29	13.71	12.00	8.57	14.29	14.29	13.86	13.57	9.29
活力指数	38.95	42.87	48.44	28.52	14.05	52.40	66.69	77.62	48.85	33.75

2.2.2.2　玉米秸秆发酵液对玉米幼苗生长的影响

由表 2-2 可知，随着秸秆发酵液浓度的增加，根长、根数、根系鲜重、株高、叶片鲜重均呈先增加后降低的趋势；等量秸秆的加腐熟剂处理上述指标值均大于未加腐熟剂处理。未加腐熟剂处理中，J50 和 J60 处理根长无显著差异，但均显著大于 CK1、J40 和 J70 的根长；CK1、J40 和 J70 间根长无显著差异。加腐熟剂处理根长 CK2、JF40、JF50 和 JF60 间无显著差异，JF40、JF50 根长显著大于 JF70。等量秸秆处理间 CK2、JF40、JF50、JF60 和 JF70 根长显著大于相应的未加腐熟剂处理。加腐熟剂处理间及未加腐熟剂间根数无显著差异；等量秸秆处理间仅有 JF60、JF70 的根数极显著大于 J60 和 J70，其余无显著差异；JF50 根数极显著大于 CK1。加腐熟剂处理间、未加腐熟剂间及等量秸秆处理间根系鲜重均无显著差异。株高各处理间均无显著差异。加腐熟剂处理间及等量秸秆处理间叶片鲜重无显著差异；J50 叶片鲜重显著大于 J60 和 J70。

表 2-2　玉米秸秆发酵液对玉米幼苗生长的影响

处理	根长/cm	根数/个	根系鲜重/g	株高/cm	叶片鲜重/g
CK1	6.07（Ed）	9（BCbc）	0.41（ABab）	58.55（Aa）	2.47（Aab）
J40	8.88（Ecd）	10（ABCbc）	0.45（ABab）	57.17（Aa）	3.30（Aab）
J50	13.5（CDEbc）	11（ABCabc）	0.56（ABab）	62.33（Aa）	4.21（Aa）
J60	11.67（DEcd）	7（Cc）	0.64（ABab）	57.00（Aa）	1.55（Ab）
J70	6.00（Ed）	6（Cc）	0.09（Bb）	50.83（Aa）	1.65（Ab）
CK2	19.67（ABCab）	12（ABCab）	0.82（ABa）	57.17（Aa）	2.67（Aab）

表2-2(续)

处理	根长/cm	根数/个	根系鲜重/g	株高/cm	叶片鲜重/g
JF40	21.57（ABa）	13（ABab）	0.99（Aa）	59.87（Aa）	3.33（Aab）
JF50	24.33（Aa）	15（Aa）	0.94（Aa）	67.00（Aa）	2.82（Aab）
JF60	19.58（ABCDab）	14（ABab）	0.50（ABab）	66.30（Aa）	3.52（Aab）
JF70	13.83（BCDEbc）	13（ABab）	0.44（ABab）	62.25（Aa）	3.04（Aab）

注：大写字母表示处理间差异极显著（$P<0.01$），小字母表示处理间差异显著（$P<0.05$）。下同。

2.2.2.3 玉米秸秆发酵液对玉米幼苗生理特性的影响

由表2-3可知，随着秸秆发酵液浓度的增加，幼苗根系和叶片脯氨酸含量呈先增加后降低再增加的N形变化趋势；未加腐熟剂处理根系MDA含量呈先降低后增加的V形变化趋势，而加腐熟剂处理中根系MDA含量呈先增加后降低的趋势；未加腐熟剂处理叶片MDA含量呈先降低后增加再降低的趋势，而加腐熟剂处理叶片MDA含量呈V形变化趋势。

未加腐熟剂处理J60和J70的根系脯氨酸含量与CK1无显著差异，而J40和J50根系脯氨酸含量显著大于CK1；加腐熟剂处理JF50、JF60和JF70根系脯氨酸含量与CK1和CK2无显著差异，而JF40极显著大于其他处理；等量秸秆处理中J40与JF40、J60与JF60、J70与JF70根系脯氨酸含量无显著差异，JF50根系脯氨酸含量显著小于J50。

未加腐熟剂处理叶片脯氨酸含量J40和J60与CK1无显著差异，J50和J70叶片脯氨酸含量显著大于CK1，J40和J60无显著差异；加腐熟剂处理间、等量秸秆处理间叶片脯氨酸含量无显著差异。

未加腐熟剂处理J60和J70根系MDA含量与CK1无显著差异；J40与J50、J40与J60根系MDA含量无显著差异，其中，J50显著小于CK1、J60和J70处理。加腐熟剂处理JF40与JF50根系MDA含量无显著差异，但它们含量显著大于其他处理；JF60与CK2根系MDA含量无显著差异，JF70根系MDA含量极显著小于其他处理。等量秸秆处理J40、J50根系MDA含量极显著小于JF40、JF50，J60与JF60间无显著差异，JF70极显著小于J70。

未加腐熟剂处理J40、J50、J60叶片MDA含量与CK1无显著差异，J70显著小于其他处理，J40、J50、J60间无显著差异；加腐熟剂处理JF40、JF50、JF60叶片MDA含量与CK1和CK2无显著差异，JF70显著大于CK2，JF40、JF50、JF60、JF70间无显著差异；等量秸秆处理除了J70极显著小于JF70外，其余处理无显著差异。

表 2-3　玉米秸秆发酵液对玉米幼苗脯氨酸和 MDA 含量的影响

处理	根系脯氨酸含量 / (μg·g^{-1})	叶片脯氨酸含量 / (μg·g^{-1})	根系 MDA 含量 / (μmol·g^{-1})	叶片 MDA 含量 / (μmol·g^{-1})
CK1	195.49（BCc）	125.75（Bc）	0.45（ABCbc）	0.84（ABCab）
J40	284.36（Aa）	178.99（ABabc）	0.32（CDde）	0.74（ABCbc）
J50	253.97（ABab）	372.84（Aa）	0.28（De）	0.53（BCbc）
J60	189.35（BCc）	161.72（ABbc）	0.41（BCDcd）	0.55（BCbc）
J70	211.41（BCbc）	317.30（ABab）	0.45（ABCbc）	0.23（Cc）
CK2	195.73（BCc）	109.37（Bc）	0.30（Dde）	0.71（ABCbc）
JF40	293.33（Aa）	169.42（ABbc）	0.58（Aa）	0.84（ABCab）
JF50	195.40（BCc）	275.47（ABabc）	0.53（ABab）	0.94（ABab）
JF60	169.73（Cc）	151.7（ABbc）	0.35（CDcde）	1.06（ABab）
JF70	180.60（Cc）	265.63（ABabc）	0.07（Ef）	1.36（Aa）

2.2.3　讨论

作物秸秆对种子的影响有抑制、促进、促进/抑制双重作用和无显著作用等多种形式[38]。玉米秸秆浸提液（0.05，0.1，0.2，0.4，0.8 g/mL）促进玉米种子萌发，发芽率提高 18.4%[41]；质量浓度低于 40 mg/mL 腐熟玉米秸秆浸提液对黄瓜种子发芽率、发芽指数和幼苗苗高有显著的促进作用，质量浓度高于 40 mg/mL 的浸提液对黄瓜种子有抑制作用[39]；6.25 mg/mL 玉米秸秆腐解液对节节麦幼苗干重表现为促进作用，对其种子萌发率、发芽指数及幼苗根长、苗高均为抑制作用；质量浓度大于 50 mg/mL 玉米秸秆腐解液对幼苗干重、种子萌发率、发芽指数、幼苗根长及苗高均具有抑制作用[49]。玉米秸秆腐解液对玉米种子的萌发表现出 “低促高抑” 的化感作用，低浓度（125 mg/mL 以下）的腐解液对玉米种子萌发有促进作用，高浓度腐解液（250 mg/mL 以上）则抑制作用比较明显[50]。未灭菌的和灭菌的玉米秸秆自然发酵液浸大豆种子，前者大豆种子的发芽指数和活力指数显著升高，未灭菌的玉米秸秆自然发酵液浸种，促进大豆种子的萌发[42]。腐熟的秸秆（玉米、水稻、小麦）与未腐熟的秸秆相比，加快了直播大白菜的出苗[40]。本试验中 40 g/L 自然发酵和 40~60 g/L 腐熟剂发酵液均提高玉米种子发芽率。

玉米秸秆浸提液提高玉米幼苗根活力和脯氨酸含量[41]，而 MDA 含量受到不同程度抑制作用，玉米叶片脯氨酸含量随秸秆浸提液浓度的递减，呈先上升后下降再上升的趋势，在浸提液质量浓度为 0.4 g/mL 时达到最大值[41]，玉米秸秆水浸液对小麦幼苗体内的 MDA、游离脯氨酸含量的综合化感效应强弱依次为：0.10＞0.04＞0.07＞0.01 g/mL[51]。而本试验中玉米叶片脯氨酸含量随秸秆浸提液浓度的递减，呈先下降后上升再下降的趋势，50 g/L 时达到最大值。说明 50 g/L 玉米秸秆发酵液培养幼苗时，其抗逆性最强，体内积累了较多的游离脯氨酸。

未腐熟的秸秆与腐熟的秸秆（玉米、水稻、小麦）相比，抑制大白菜生长[40]。玉米秸秆腐解液对玉米幼苗根长、根表面积、根体积、根干重的影响，随腐解液浓度增加，有"低促高抑"的化感效应，低、中浓度（0.125 g/mL 和 0.25 g/mL）腐解液起促进作用，高浓度腐解液（0.5 g/mL）则有抑制作用[52]；0.5 g/mL 浓度玉米秸秆腐解液处理土壤蔗糖酶、脲酶活性达到最高[53]；也有相反的研究结果，将玉米秸秆腐解液添加到连作土壤中，玉米幼苗根系干重、根冠比、根系活力、可溶性糖和蛋白含量均低于未腐熟秸秆液处理，MDA 含量相反[54]。本试验中腐熟剂发酵液促进玉米幼苗生长作用比自然发酵液强，并且 JF60 最为突出；可能是 JF60 增加培养液活性物质，刺激幼苗的生长，这说明，秸秆浸提浓度的不同导致浸出物的量和种类不同，不同浸出物又可以通过释放不同的化感物质对玉米幼苗生长产生促进或抑制的化感作用。总体来看，秸秆还田配施腐熟剂时可适当增加秸秆还田量。目前有关化感物质对后作的作用机制尚不清楚，还需进一步从分子水平去探讨其作用机制。

2.2.4　结论

低浓度的玉米秸秆发酵液和施加秸秆催腐剂的较高浓度玉米秸秆发酵液对玉米幼苗生长有显著的促进作用；玉米秸秆施加腐熟剂发酵能减弱其化感作用。

2.3　秸秆腐熟剂微生物组成

利用微生物的广泛适应性和多功能性来转化秸秆已日益受到国内外研究者的重视，目前，研制开发理想的作物秸秆快速腐熟剂已成为微生物制剂的热点。可以分解利用的秸秆微生物种类有很多，秸秆腐熟剂是含有大量有益微生物群体的高效生物制剂，其中微生物可以产生活性很强的各种酶，微生物秸秆腐熟剂具有很强的发酵能力，能迅速催化分解秸秆粗纤维，使之在短时间内转化成有机肥。在催化分解过程中产生的酶还可消除土壤中的病原菌。秸秆腐熟剂菌种组成是决定腐熟效果的关键因素，为了研究秸秆腐熟剂微生物组成，采用平板计数法，考察了 3 种秸秆腐熟剂的微生物组成及腐熟效果。

2.3.1　材料和方法

2.3.1.1　材料

供试秸秆为玉米收获期秸秆。腐熟剂为中农绿康秸秆腐熟剂（北京生物技术有限公司生产）；微元秸秆腐熟剂（广州市微元生物科技有限公司生产）；农富康秸秆腐熟剂（郑州农富康 EM 菌有限公司生产）；培养基见表 2-4。

表 2-4　不同培养基配方设计

培养基类型	配方
细菌	牛肉膏 3.0 g、蛋白胨 10.0 g、NaCl 5.0 g、琼脂 20.0 g、蒸馏水 1000 mL、pH 值 7.0~7.2
真菌	蛋白胨 5.0 g、葡萄糖 20.0 g、$MgSO_4$ 0.5 g、酵母浸出粉 2.0 g、KH_2PO_4 1.0 g、琼脂 14.0 g、蒸馏水 1000 mL、pH 值 6.8~7.0
放线菌	可溶性淀粉 20.0 g、NaCl 0.5 g、KNO_3 1.0 g、K_2HPO_4 0.5 g、$FeSO_4$ 0.01 g、$MgSO_4$ 0.5 g、琼脂 12.0 g、蒸馏水 1000 mL、pH 值 7.2~7.4
羧甲基纤维素钠	CMC-Na 20.0 g、Na_2HPO_4 2.5 g、KH_2PO_4 1.5 g、蛋白胨 2.5 g、琼脂 20.0 g、蒸馏水 1000 mL、pH 值 7.0~7.5
奥梅梁斯基	$(NH4)_2SO_4$ 1.0 g、K_2HPO_4 1.0 g、NaCl 0.2 g、$MgSO_4$ 0.5 g、$CaCO_3$ 2.0 g、蒸馏水 1000 mL、无淀粉滤纸条（10 cm×1.5 cm）、pH 值 7.0~7.2

注：培养基灭菌条件均为 121 ℃，高压灭菌 30 min。

2.3.1.2　测定项目与方法

秸秆处理：选用玉米收获期秸秆，将其粉碎成 3~5 cm，在 120 ℃烘箱中烘干灭菌。

滤纸处理：用 1%乙酸浸泡 24 h，用碘液检查确无淀粉后，再用 2% $NaHCO_3$ 冲洗至中性，晾干灭菌。

培养基：可培养微生物测定采用梯度稀释法，28 ℃培养 3~7 天，观察记录各种培养基中的菌落形态。

玉米秸秆腐熟程度：观察记录不同腐熟剂腐解玉米秸秆情况，腐熟第 5 天，15 天，30 天观察记录秸秆颜色、气味、手感情况。

2.3.2　结果与分析

2.3.2.1　秸秆腐解菌在不同培养基中的菌落形态

由表 2-5 可知，不同秸秆腐熟剂中均含有细菌、真菌和放线菌三大类群微生物，细菌菌落特征为湿润、质地均匀、较透明。中农绿康的细菌形态与农富康相同，均为圆形，颜色和边缘不一致。中农绿康的颜色与微元的一致，均为白色，但形态不同，中农绿康为圆形，微元为点状。3 种秸秆腐熟剂的细菌菌落均较小。真菌的菌落呈圆形，质地一般为绒毛状，只有酵母菌菌落较光滑、黏稠。中农绿康和微元大体一致，菌落大，呈圆形，白色。农富康呈椭圆形，绿色。放线菌菌落一般呈圆形，表面干燥、粉质，不透明。3 种秸秆腐熟剂的放线菌菌落形态差别不大，均为白色圆形，边缘呈放射状，说明其菌类相同。

表 2-5　秸秆腐解菌菌落形态

腐熟剂名称	培养基类型	菌落特征				
		形态	大小	边缘	颜色	表面特征
中农绿康	细菌	圆形	小	不规则形	白色	湿润，较透明
	放线菌	圆形	中	放射状	乳白色	干燥，不透明
	真菌	圆形	大	完整	白色	湿润，光滑，较透明
	纤维素	圆形	小	完整	黄色	光滑，较透明
微元	细菌	点状	小	波状	白色	湿润，较透明
	放线菌	圆形	中	放射状	色	干燥，粉质，不透明
	真菌	椭圆形	大	完整	乳白色	光滑，不透明
	纤维素	圆形	小	完整	微黄色	湿润，较透明
农富康	细菌	圆形	小	波状	黄色	湿润，透明
	放线菌	圆形	大	放射状	白色	干燥，不透明
	真菌	椭圆形	大	丝状	绿色	粉质，半透明
	纤维素	椭圆形	小	完整	粉红色	湿润，较透明

2.3.2.2　不同秸秆腐熟剂对玉米秸秆腐熟程度的影响

由表 2-6 可以看出，与对照相比，3 种秸秆腐熟剂对玉米秸秆均有腐解作用，表现为中农绿康>农富康>微元。在第 5 天，中农绿康开始发生变化，微元和农富康均无变化。在第 15 天，微元开始发生气味上的变化，中农绿康和农富康在颜色、气味、手感上均发生明显变化。在第 30 天，中农绿康发生显著变化，尤其在气味上。微元和农富康，只在颜色上有差异，其他无明显区别。

表 2-6　玉米秸秆腐熟程度

时间	指标	腐熟剂名称		
		中农绿康	微元	农富康
5 天	颜色	微黄	黄	黄
	气味	霉味	无	无
	手感	微软	硬	硬
15 天	颜色	褐黄	黄	微黄
	气味	霉味	霉味	霉味
	手感	软	硬	微软
30 天	颜色	黑黄	微黄	褐黄
	气味	腐烂味	霉味	霉味
	手感	软	微软	微软

2.3.2.3　不同秸秆腐熟剂对滤纸分解的影响

由表 2-7 可知，中农绿康滤纸变化显著，颜色变为黄色，滤纸断裂，液体混浊。微元滤纸无变化，农富康滤纸颜色变为棕色，但未断裂，出现微混浊现象，说明中农绿康腐解程度最大，农富康发生轻微腐解作用。

表 2-7　秸秆腐解菌降解滤纸情况

腐熟剂名称	滤纸颜色	液体澄清度	滤纸完整度
中农绿康	黄色	混浊	断裂
微元	白色	澄清	未断裂
农富康	棕色	微混浊	未断裂

2.3.3　结论

不同秸秆腐熟剂中菌落形态有所不同，3 种秸秆腐熟剂对玉米秸秆均有腐解作用，其中，中农绿康腐解程度最大，农富康发生轻微腐解作用。

2.4　秸秆还田条件下腐熟剂对不同质地土壤真菌多样性的影响

为因地制宜鉴选适宜的秸秆腐熟剂，在西辽河平原灌区选择秸秆还田的砂壤土和中壤土连作玉米地，分别配施中农绿康腐熟剂、人元腐熟剂和农富康腐熟剂（简称中农、人元、农富康），以秸秆还田不施腐熟剂为对照，在玉米吐丝期取 0～15，15～30，30～45 cm 土层样品，采用高通量测序技术，研究不同质地土壤秸秆还田配施腐熟剂情况下土壤真菌群落结构的多样性。结果表明，砂壤土秸秆还田配施腐熟剂处理特有操作分类单元（operational taxonomic units，OTU）数均比对照多，中壤土则相反。所有处理土壤中被孢霉门（Mortierellomycota）、子囊菌门（Ascomycota）、担子菌门（Basidiomycota）相对丰度较高；优势属均为被孢霉属（*Mortierella*）和低温酵母（*Guehomyces*）。不同腐熟剂与土壤质地会产生不同响应，中壤土秸秆还田配施中农和农富康对土壤真菌组成及丰度无显著影响，而配施人元显著改变中壤土真菌组成及丰度；砂壤土秸秆还田配施中农和人元显著增加土壤真菌组成及丰度。组间差异显著性（LEf Se）分析可知，砂壤土秸秆还田配施中农，中壤土秸秆还田配施人元和农富康，3 个处理土壤样品真菌多样性存在差异，对真菌多样性差异发挥显著性作用的菌分别有 *p_Basidiomycota*、*p_Ascomycota*、*o_Pleosporales*、*c_Agaricomycetes*、*s_Mortierella_fimbricystis*、*o_Agaricales*，这种响应差异也体现在同一腐熟剂对中壤土和砂壤土不同土层真菌的影响上；随着土层的下移，砂壤土和中壤土对照中被孢霉属相对丰度先增加后下降，低温酵母相对丰度下降；施用腐熟剂后（中壤土农富康除外），深层土壤低温酵母相对丰度比表层土壤高。砂壤土秸秆还田配施中农后 0 ~ 15 cm 土层中上述两个优势菌属相对丰度显著提高；而中壤土秸秆还田配施人元增加了 0 ~ 15 cm 土层低温酵母相对丰度和 15 ~ 30，30 ~ 45 cm 土层被孢霉属相对丰度。由此可见，秸秆还田条件下，腐熟剂与土壤质地间响应不同，所以，秸秆腐熟剂配施应因地制宜。

土壤微生物对土壤有机质的变化十分敏感，能对土壤生态机制变化和环境胁迫做出反应。土壤微生物群落的组成和结构变化情况是评价土壤健康程度或者土壤质量的早期重要指标[55]。还田秸秆是土壤有机质的重要来源之一[56]，其腐解依靠土壤微生物完成。第 1 阶段主要利用秸秆中可溶性物质的增长，以细菌作用为主，开始积累腐殖质。这个过程首先是在喜糖霉菌、白霉菌和无芽孢细菌的作用下，分解水溶性糖和淀粉，之后以芽孢细菌和纤维素分解细菌为主，分解蛋白质、果胶类物质和纤维素等。第 2 阶段是腐殖质大量累积阶段，以真菌降解木质素作用为主。第 3 阶段是分解腐殖质，以放线菌作用为主[57]。玉米（Zea mays）秸秆腐解过程中，土壤微生物的优势种群主要利用糖类和多聚物，在腐解中后期难分解物质逐渐累积，其中，微生物对芳香化合物的利用作用最弱[58]。真菌是降解木质纤维素的优势菌群[59]，真菌降解玉米秸秆效率和速率一般远大于细菌。水稻（Oryza sativa）秸秆还田 90 天和 180 天，秸秆还田与秸秆不还田土壤的真菌群落结构较为类似，而 270 天和 360 天的秸秆还田显著增加了土壤真菌群体数量和多样性指数[60]。喻曼等[61]研究结果表明，还田作物秸秆腐解前期，革兰氏阴性菌的生物量与半纤维素、纤维素的降解有一定相关性；后期的微生物种群则以木质素分解微生物为主。秸秆还田能提高土壤真菌群落多样性，秸秆还田后土壤真菌优势种群为子囊菌、接合菌和担子菌[62]。但在 S. Banerjee 等[63]的研究中，土壤中秸秆和营养物质的添加减少了微生物多样性，真菌中发现毛壳菌、头孢菌膜和镰刀菌为主要分类群。可见不同背景土壤真菌群落结构存在差异。

土壤特性是影响真菌种群的重要因素之一[64]，翻压在土壤中的秸秆，在中壤土、重壤土中腐解较快，而在轻壤土中较慢[65]。秸秆在土壤中腐解速率粉沙质土低于沙质土[66]。也有研究发现，土壤类型（壤土和沙土）对易分解的三叶草（Trifolium repens）的矿化速率没有显著影响，但对于难腐解的小麦（Triticum aestivuml）和黑麦（Secale cereale）的秸秆矿化速率，壤土要明显高于沙土[67]。还田作物秸秆腐解残留率与土壤微生物群落的优势度呈显著负相关[39,68-69]；微生物群落在一定程度上影响了秸秆分解的速率[59]；优势菌群的相对丰度是影响秸秆性质变化的主要原因[70]。刘增亮等[71]研究赤红壤、红壤和砖红壤下甘蔗根系丛枝菌根（AM）真菌多样性，发现 3 种不同土壤类型下 AM 真菌各属频度存在明显差异。前人对土壤真菌的研究主要集中在不同农艺措施、不同植被、不同时期农田土壤真菌多样性和土壤 AM 真菌方面。目前，关于不同质地农田秸秆还田对土壤真菌多样性的影响研究并不完善；西辽河平原灌区低温持续时间较长，秸秆腐解较慢；虽然秸秆腐熟剂的应用被认为是加速还田秸秆腐解常用的方法，但在半干旱气候井灌条件下秸秆还田配施腐熟剂对土壤真菌群落结构的影响研究很少。研究不同质地土壤真菌的群落结构变化，为揭示土壤真菌对秸秆还田配施腐熟剂引起的微生态变化的适应与演变趋势，维持土壤生态系统功能的稳定提供理论基础。本研究采用高通量测序法，系统比较不同质地土壤秸秆还田配施腐熟剂对土壤真菌群落的影响；解释土壤真菌群落对不同土壤质地和秸秆腐熟剂的响应差异，进而为鉴选适宜的秸秆腐熟剂提供理论依据。

2.4.1　材料与方法

2.4.1.1　研究区概况

试验于 2018 年在内蒙古自治区西辽河平原开鲁县蔡家堡（$43°36'$N，$122°22'$E，海拔 178 m）进行。中壤土和砂壤土为当地主要土壤类型，试验田为多年连作玉米田，两种质地土壤试验田相距约 10 km。试验区年均气温 6.8 ℃，大于等于 10 ℃ 活动积温 3200 ℃，年均降水量 385 mm，生长季内（5—9 月）降水量约为 315 mm。试验田具有井灌条件，能保证玉米生长发育的水分需求。

2.4.1.2　试验设计与方法

试验采用两因素裂区设计，两因素分别为土壤类型和添加腐熟剂。土壤类型为中壤土（ZR）和砂壤土（SR）；添加腐熟剂处理有 4 种，分别为中农绿康腐熟剂（中农绿康生物技术有限公司）、人元秸秆腐熟剂（鹤壁市人元生物技术发展有限公司）、农富康秆腐熟剂（河南农富康生物科技有限责任公司）和不施腐熟剂（对照）。各处理均全量还田玉米秸秆（折合干物质约 6750 kg/hm²）。以小区田间试验方式进行，小区面积 60 m²，8 个处理、3 次重复。播前土壤养分状况如表 2-8 所示，两种质地土壤试验田气候类型一致。

表 2-8　试验地耕层土壤养分含量

土壤质地	有机质/ ($g \cdot kg^{-1}$)	碱解氮/ ($mg \cdot kg^{-1}$)	速效磷/ ($g \cdot kg^{-1}$)	速效钾/ ($g \cdot kg^{-1}$)	pH 值
中壤土	15.92	53.27	10.23	97.61	8.5
砂壤土	15.34	51.88	8.87	101.21	8.2

中农绿康腐熟剂含纤维素分解菌、益生菌、芽孢杆菌、绿色木霉和酵母菌等高效菌株，有效活菌数不小于 $8.0×10^7$ cfu/g；人元秸秆腐熟剂含细菌、放线菌、丝状菌、酵母菌等多种菌株，有效活菌数不小于 $8.0×10^7$ cfu/g；农富康秆腐熟剂含放线菌、乳酸菌、芽孢杆菌、土著菌、光合细菌、酵母菌、硝化细菌、枯草芽孢杆菌等，有效活菌数不小于 $5.0×10^8$ cfu/g。

2017 年 10 月上旬实施玉米秸秆还田。还田时先将秸秆机械粉碎，粉碎长度 2~3 cm，均匀撒于田面。中农绿康和人元秸秆腐熟剂用量均为 30 kg/hm²，腐熟剂先与锯末按

1:5拌匀，再均匀撒施于秸秆表面。农富康秸秆腐熟剂使用前需先激活，将菌种做成菌液，具体做法是 100 g 秸秆腐熟剂+1 kg 红糖+10 kg 水，密封发酵 3~7 天；取菌液 45 kg/hm² 均匀喷洒在秸秆表面。各处理均撒施尿素 150 kg/hm² 于秸秆的表面，然后，机械深翻，将秸秆和腐熟剂扣入土壤，翻压深度约 40 cm。

2018 年 5 月 1 日播种，同年 10 月 1 日收获。玉米品种为信玉 168，栽培管理同大田生产。

2.4.1.3 样品采集、测定项目及其方法

在玉米吐丝期，采用 S 形 15 点取样法，采集 0~15，15~30，30~45 cm 3 个土层的土壤样品，各处理样品分组和编号如表 2-9 所示。每一种土样取样量约为 100 g，装入已灭菌的自封袋中，置冰盒带入实验室进行土壤总 DNA 提取。

土壤总 DNA 用改良的 SDS（十二烷基磺酸钠，sodium dodecyl sulfonate）高盐缓冲液抽提法[72]提取，用 0.8% 琼脂糖凝胶电泳检测其是否完整；对真菌 ITS1 区进行测序，对原始数据进行拼接，将拼接得到的序列进行质量过滤，并去除嵌合体，得到高质量的 Tags 序列。

表 2-9 不同质地土壤秸秆还田配施腐熟剂土壤样品编号

土层/cm	砂壤土				中壤土			
	a	b	c	d	e	f	g	h
	中农绿康秸秆腐熟剂	人元秸秆腐熟剂	农富康秸秆腐熟剂	无腐熟剂	中农绿康秸秆腐熟剂	人元秸秆腐熟剂	农富康秸秆腐熟剂	无腐熟剂
0~15	SR111	SR211	SR311	SR411	ZR111	ZR211	ZR311	ZR411
15~30	SR112	SR212	SR312	SR412	ZR112	ZR212	ZR312	ZR412
30~45	SR113	SR213	SR313	SR413	ZR113	ZR213	ZR313	ZR413

2.4.1.4 数据处理

在相似性 97% 的水平上对 Tags 序列进行聚类（USEARCH，version 10.0），以测序所有序列数的 0.005% 作为阈值过滤 OTU，进行组间差异显著性（LEfSe）分析，alpha 指数、Beta 多样性分析[73]。

2.4.2 结果与分析

2.4.2.1 不同质地土壤秸秆还田配施腐熟剂对真菌 OTU 数的影响

24 个样品共得到 3042 个 OTUs，对各样品进行 OTU 数量韦恩图统计（如图 2-1 所示），a、b、c、d、e、f、g 和 h 相同 OTUs 共 483 个；其中 c 组特有 OTU 数最多，d、f 和 g 组特有 OTU 数较少。砂壤土秸秆还田配施腐熟剂处理特有 OTU 数均比对照的多，中壤土则相反。砂壤土配施腐熟剂后减少 0~30 cm 土层真菌特有 OTU 数，尤其是

SR111、SR311 和 SR112；中壤土配施腐熟剂后减少 0~15 cm 土层真菌特有 OTU 数，ZR211 和 ZR311 明显；配施腐熟剂改变了各土层真菌分布。

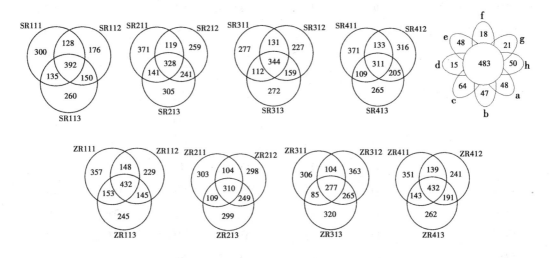

注：分组和编号代表的处理如表 2-9 所示，下同。

图 2-1　不同组试验样品中独有和共有真菌 OTU 数量的韦恩图

从表 2-10 可知，各处理样品 0~15 cm 土壤真菌界、门、纲、目、科、属和种数均比 15~30 cm 和 30~45 cm 的多。砂壤土 15~30 cm 和 30~45 cm 土层中，3 种腐熟剂处理科数多于对照；中农处理 0~15 cm 土层土壤真菌属和种数均多于对照，而农富康处理 0~15 cm 土层的属和种数均少于对照；15~30 cm 土层中，中农和人元的属、种数多于对照，但农富康的仍少于对照；30~45 cm 土层中，3 种腐熟剂处理属、种数均多于对照。中壤土 0~15 cm 土层中，中农处理目、科、属数均多于对照；而其他 2 种腐熟剂处理的目、科、属、种数均少于对照；30~45 cm 土层中，配施腐熟剂处理科、属、种数均少于对照。

表 2-10　不同组试验样品各等级 OTU 物种数（个）

样品	界	门	纲	目	科	属	种
SR111	5	13	30	61	117	166	143
SR112	4	12	28	54	103	135	114
SR113	4	13	29	55	105	151	125
SR211	4	15	31	60	115	155	127
SR212	3	14	31	53	100	139	122
SR213	3	13	31	59	111	148	124
SR311	5	12	31	53	98	134	119
SR312	4	14	30	58	100	129	109
SR313	4	11	31	58	107	138	116

表2-10(续)

样品	界	门	纲	目	科	属	种
SR411	5	16	35	62	123	157	125
SR412	3	13	30	56	99	133	111
SR413	3	14	31	58	89	122	102
ZR111	4	15	33	62	115	168	137
ZR112	4	16	33	57	104	141	117
ZR113	4	14	33	59	100	135	116
ZR211	5	11	29	56	111	158	145
ZR212	3	14	31	55	104	142	119
ZR213	4	14	32	56	101	133	114
ZR311	5	14	32	55	101	139	110
ZR312	4	13	30	57	103	137	119
ZR313	3	13	30	60	98	143	120
ZR411	5	12	29	59	112	161	146
ZR412	4	13	31	56	99	135	112
ZR413	4	14	30	55	111	153	122

2.4.2.2　不同质地土壤秸秆还田配施腐熟剂土壤真菌分布分析

由图2-2可知，各组样品优势菌属主要分布在被孢霉门（Mortierellomycota）、子囊菌门（Ascomycota）、担子菌门（Basidiomycota）、球囊菌门（Glomeromycota）、丝足虫类（Cercozoa）、壶菌门（Chytridiomycota）、Aphelidiomycota、轮虫（Rotifera）、芽枝霉门（Blastocladiomycota），其中被孢霉门、子囊菌门和担子菌门相对丰度较高。a、b和f组中真菌相对丰度为子囊菌门>被孢霉门>担子菌门，而c、g、d、h和e组中为被孢霉门>子囊菌门>担子菌门。各组样品优势菌属有被孢霉属（Mortierella）、低温酵母（Guehomyces）、Tetracladium、Leptosphaeria、枝孢菌属（Cladosporium）、Microdochium、链格孢菌（Alternaria）、球囊霉属（Glomus）、锥盖伞属（Conocybe）、长被孢霉（Mortierella_elongata）、Mortierella_alpina、耐冷酵母（Guehomyces_pullulans）、透明被孢霉（Mortierella_hyalina）、Mortierella_fimbricystis、Leptosphaeria_sclerotioides（低温真菌）、皱枝孢（Cladosporium_delicatulum）、Mortierella_antarctica、Mortierella_gamsii；长被孢霉在a、c、d、h中相对丰度较大，b、f中较低；Mortierella_alpina在d、g、h中相对丰度较大，b、f、e、c中较低，a中最低；耐冷酵母在a、e、c、g中相对丰度较大，其中，a的最大，b、f、d、h中较低。

同组内样品真菌相对丰度存在差异，由图2-3可知，各样品优势属均为被孢霉属和低温酵母；除了ZR211外，中壤土样品真菌第一优势属均为被孢霉属，其次是低温酵母；ZR211枝孢菌属相对丰度比低温酵母大；SR112、SR113、SR312、ZR311中被孢霉属和低温酵母相对丰度相当，均为优势属；SR311 中，以上 2 个菌属相对丰度相当，均为优势属。

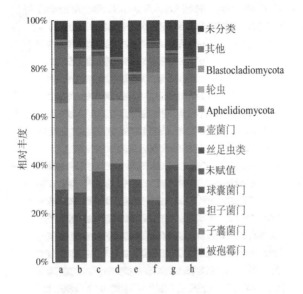

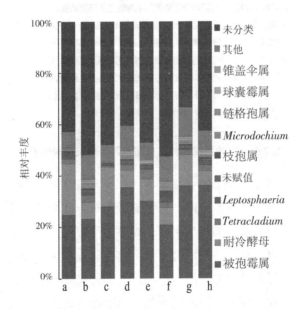

图 2-2　不同组试验样品真菌门、属水平分类学组成和分布

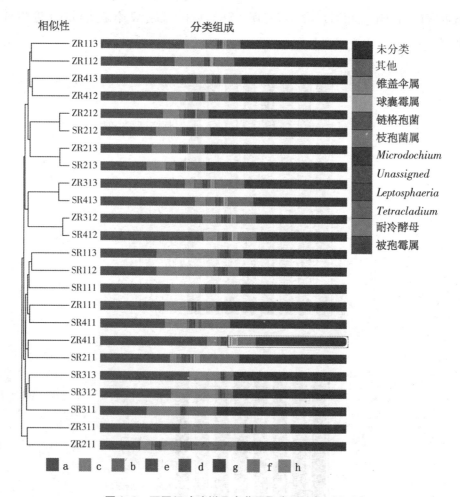

图 2-3　不同组试验样品真菌属聚类树及相对丰度

从图 2-3 可知，砂壤土真菌相对丰度随着土层下移变化规律为：配施中农和人元处理土壤真菌被孢霉属相对丰度逐渐下降，低温酵母相对丰度增加；配施农富康处理被孢霉属相对丰度增加，低温酵母先增加后下降；对照被孢霉属相对丰度先增加后下降，而低温酵母下降。中壤土真菌相对丰度随着土层下移变化规律为：配施中农处理被孢霉属相对丰度逐渐增加，而低温酵母先下降后增加；人元处理被孢霉属相对丰度先增加后下降，而低温酵母增加；农富康处理被孢霉属相对丰度逐渐增加，而低温酵母降低；对照被孢霉属相对丰度先下降后增加，而低温酵母下降。随着土层的下移，砂壤土和中壤土秸秆还田不施腐熟剂处理被孢霉属相对丰度先增加后下降，低温酵母相对丰度下降；配施腐熟剂后（除 g 组外），15～30 cm 和 30～45 cm 土层低温酵母相对丰度大于 0～15 cm。

不同质地土壤真菌相对丰度存在差异，被孢霉属和低温酵母相对丰度均为 SR111>ZR111；被孢霉属相对丰度为 ZR112>SR112，并且 ZR112 中新增加了枝孢菌属和球囊霉属，而 SR112 低温酵母相对丰度比 ZR112 高 3.5 倍；被孢霉属相对丰度 ZR113>SR113，

ZR113 中新增加低温酵母和球囊霉属。被孢霉属相对丰度 SR211>ZR211，低温酵母相对丰度则相反，ZR211 中链格孢属与低温酵母的相当；被孢霉属相对丰度 ZR212>SR212，低温酵母相对丰度则相反；被孢霉属相对丰度 ZR213>SR213，其余无差异；被孢霉属、低温酵母、枝孢菌属相对丰度均为 ZR311>SR311，被孢霉属、球囊霉属相对丰度均为 ZR312>SR312，而低温酵母相对丰度则相反；被孢霉属、低温酵母相对丰度为 SR313>ZR313；*Leptosphaeria*、*Tetracladium*、锥盖伞属相对丰度 ZR411>SR411，低温酵母相对丰度 ZR412>SR412，而被孢霉属则相反，枝孢菌属和锥盖伞属在 ZR412 中未出现；ZR413、SR413 被孢霉属、低温酵母相对丰度无差异，锥盖伞属在 ZR413 中未出现。

2.4.2.3　不同质地土壤秸秆还田处理间有差异的物种分析

从图 2-4 横向聚类结果看，担子菌亚门（Basidiomycota）、Aphelidiomycota、新美鞭菌（Neocallimastigomycota）、子囊菌门（Ascomycota）、毛霉亚门（Mucoromycota）距离较近，枝长较短；芽枝霉门（Blastocladiomycota）、丝足虫类（Cercozoa）、单毛壶菌门（Monoblepharomycota）、轮虫（Rotifera）、被孢霉门（Mortierellomycota）、梳霉门（Kickxellomycota）距离较近，枝长较短；壶菌门（Chytridiomycota）、黄藻门（Anthophyta）、油壶菌门（Olpidiomycota）、Streptophycophyta、球囊菌门（Glomeromycota）、隐真菌门（Rozellomycota）距离较近，枝长较短；说明这些菌群在各样品中组成较相似。

纵向聚类结果看，SR411、SR412、SR413、ZR412、ZR413、ZR312、ZR313、ZR111、ZR113 距离较近，枝长较短，归为一类；SR212、SR213、ZR211、ZR212、ZR213 距离较近，枝长较短，归类一类；SR111、SR112、SR113、SR311、SR312、SR313、ZR112、ZR311、ZR411 距离较近，枝长较短，归为一类；说明这些样品真菌组成及丰度较相似。

由图 2-5 可知，b、e、f 和 h 组间距离较近，相似性高；而 a 与 d，e 与 g 和 f、h、c 与其他组间距离均较远，相似性低，差异程度大。可知，两种质地土壤秸秆还田配施农富康腐熟剂处理与其他处理真菌差异较大。

根据 8 组样品 LEf Se 分析，筛选出 LDA 值大于 4 的物种，发现 a、f、g 组间真菌多样性存在差异，发挥显著性作用的菌种分别具有 3 个分类（如图 2-6 所示）。这些分类群主要来自 *p_Basidiomycota*、*o_Pleosporales*、*p_Ascomycota*、*o_Agaricales*、*s_Mortierella_fimbricystis* 和 *c_Agaricomycetes*。各组差异效果影响较大的物种不同，a 组中 *p_Basidiomycota* 物种，f 组中 *p_Ascomycota* 和 *o_Pleosporales* 物种，g 组中 *c_Agaricomycetes*、*s_Mortierella_fimbricystis*、*o_Agaricales* 物种丰度对差异效果影响较大，即它们是各组中起到重要作用的微生物类群。

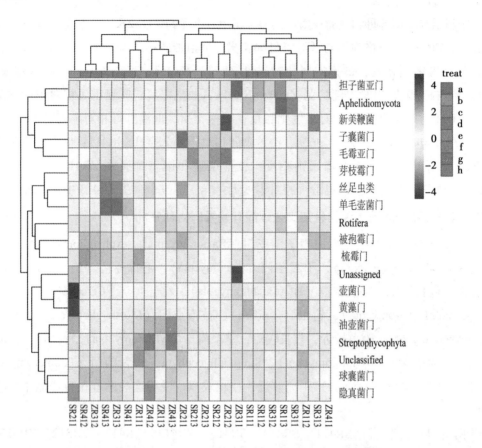

图 2-4　不同组试验样品真菌差异物种相对丰度热图

注：颜色越蓝表明丰度越低；颜色越红代表丰度越高。

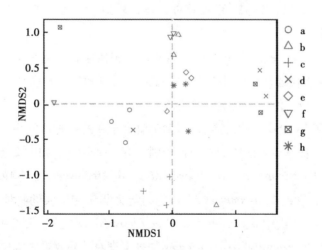

图 2-5　不同组试验样品真菌非度量多维尺度分析

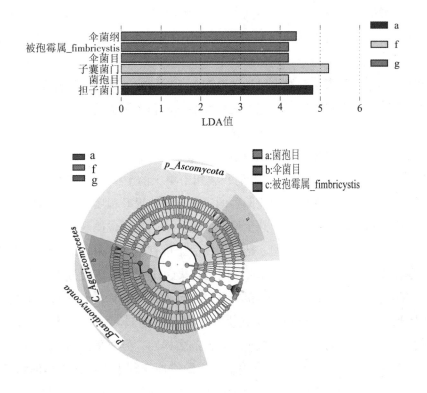

图 2-6　不同组试验样品真菌 LDA 值分布和系统发育树（LDA 阈值 4.0）

注：柱状图的长度代表差异物种的影响大小（即 LDA score），不同颜色表示不同组（a、f、g）的物种。系统发育树，其中黄色显示物种丰度无显著差异，有显著变化的类群按照不同组进行着色，丰度大小与圆圈的直径大小相称；不同颜色的节点表示在该颜色所代表的组中起到重要作用的微生物群。

2.4.3　讨论与结论

土壤类型是影响真菌种群的重要因素之一，对 AM 真菌孢子密度、物种丰富度、Shannon 多样性指数和侵染率均有显著影响[74]。黑垆土、灌淤土、黄绵土、灰钙土、风沙土等土壤类型中，AM 真菌均以球囊霉属为优势属[75]。干旱带农田不同作物根际土壤中，子囊菌门为最优势菌门，次优势菌门是担子菌门[55]。真菌群落首先受到团聚体大小组分的影响，其多样性与土壤碳氮比的变化有关；东北地区 35 年施有机肥和施化肥的农田不同粒级（250~2000 μm，53~249.99 μm，<53 μm）的真菌群落组成均表现为子囊菌群落较多，接合菌群落较少，碳含量较高[76]。秸秆还田后土壤真菌的优势菌群为子囊菌、接合菌和担子菌[62]；小麦成熟期的褐土中真菌主要包含子囊菌门、担子菌门、壶菌门和球囊菌门[77]；从 ^{13}C 纤维素中吸收 ^{13}C 的真菌类群大部分是未培养的，^{13}C 标记的真菌大部分属于子囊菌门、担子菌门和粘菌门[78]。本研究中各样品优势真菌为被孢霉门、子囊菌门和担子菌门；优势属均为被孢霉属和低温酵母。可见，土壤中真菌以子囊菌门和担子菌门占优势，并存在各异的真菌优势类群。这可能是不同土壤类型

下，驱动真菌群落演变的土壤因子不同[79]，土壤团聚体大小组分不同，养分含量不同，从而土壤中分解者群落组成不同；不同类型土壤中资源可利用性可能发生了较大变化，提高了微生物演替速度。

秸秆还田配施不同腐熟剂对土壤质地会产生不同影响。砂壤土秸秆还田配施中农绿康秸秆腐熟剂、中壤土秸秆还田配施人元秸秆腐熟剂和中壤土秸秆还田配施农富康腐熟剂这 3 个处理的土壤真菌多样性存在差异。通过 LEf Se 分析可知，分别有 p_Basidiomycota、p_Ascomycota、o_Pleosporales，c_Agaricomycetes、s_Mortierella_fimbricystis 和 o_Agaricales 起到了重要作用；可能原因是砂壤和中壤土的土壤团聚体大小组分不同，秸秆腐熟剂的成分不同，从而促进功能菌种的定植与功效提升程度不同；秸秆和腐熟剂显著地改变了微生物的丰度、组成和共生情况。这种响应差异也体现在同一腐熟剂对中壤土和砂壤土的不同土层真菌的影响。秸秆还田后土壤有利于真菌和细菌细胞壁成分的积累，尤其是在 0~5 cm 的土层，并且真菌优先富集，使表层土壤组分中碳积累增加，有利于真菌群落的生长，从而改善土壤聚集性。在排水良好的免耕砂质黏壤土 0~5 cm 的土层中大团聚体较多，菌丝体密度比旋耕的相同土层高 1.30~1.46 倍，且前者的真菌菌丝体数量较高。秸秆的添加虽然减少了真菌的多样性，但对真菌的优势类群有利，从而增加了真菌的生物量[63]。土壤中真菌生物量的增加有利于土壤团聚体的稳定[79]。本研究中，秸秆还田并配施中农绿康腐熟剂的 0~15 cm 土层中的被孢霉属、低温酵母的相对丰度，砂壤土大于中壤土；15~30 cm 土层砂壤土低温酵母相对丰度是中壤土的 3.5 倍，而中壤土 Tetracladium 相对丰度是砂壤土的 3 倍，并新增加了枝孢菌属和球囊霉属；30~45 cm 中壤土 Leptosphaeria 的相对丰度是砂壤土的 4 倍，并新增加低温酵母和球囊霉属，而锥盖伞属相对丰度比砂壤土的低 3 倍。砂壤土和中壤土秸秆还田配施人元腐熟剂的真菌相对丰度存在差异，中壤土 0~15 cm 土层低温酵母相对丰度大于砂壤土，15~30，30~45 cm 土层被孢霉属相对丰度大于砂壤土。说明秸秆还田配施腐熟剂后改变了被孢霉属、低温酵母和球囊霉属 0~45cm 土层中的丰度。这可能是不同土层中土壤团聚体大小组分、还田秸秆的腐熟程度不同，导致不同土层中有机添加物质量的差异，从而使土壤真菌组成受到了影响[80-81]，改变了土壤优势真菌的分布。被孢霉属真菌对黑麦草的种子萌发与生长表现出明显的促进作用[82]。长期施有机肥条件下，玉米根内被孢霉属真菌的相对丰度由 5% 上升到 45%，成为砂姜黑土真菌群落中的主导性菌群[83]。被孢霉属真菌的变化对土壤真菌群落变化的贡献最大；被孢霉属、镰刀菌属及毛壳属真菌在植物残基的快速分解过程中发挥了重要作用，促进了有机肥中植物残基分解和土壤养分浓度的提升[83]。靳冉[84]从土壤环境中的真菌中筛选出一株能够以碱木质素为唯一碳源生长的高效木质纤维素降解微生物——枝孢菌属。球囊霉属 3 种 AM 真菌均显著减少了根系周围尖孢镰刀菌数量，从而减轻香蕉枯萎病的危害[85]。添加含活性炭的有机土壤改良剂促进土壤真菌增殖，以维持或改善土壤结构[86]。根据以上分析可知，不同质地土壤秸秆还田配施腐熟剂要因地制宜，配施适宜的秸秆腐熟剂可以增加土壤有益微生物数量；这些微生物可改善养分的有效性、土壤结构，抑制土壤传播疾病。秸秆还田配施腐熟剂真菌优势菌属之间的关系如何，土壤真菌和细菌群落协同降解秸秆的模式等，亟须进行研究。

2.5　秸秆还田条件下腐熟剂对不同质地土壤细菌多样性的影响

为因地制宜鉴选适宜的秸秆腐熟剂，在西辽河平原灌区选择秸秆还田的中壤土和砂壤土连作玉米地，分别配施中农绿康腐熟剂、人元腐熟剂和农富康腐熟剂，以秸秆还田不施腐熟剂为对照，在玉米吐丝期取 0~15 cm、15~30 cm、30~45 cm 土层样品，采用高通量测序技术，研究不同质地土壤秸秆还田配施腐熟剂下土壤细菌群落结构多样性。结果表明，中壤土和砂壤土秸秆还田配施腐熟剂后均增加了 0~45 cm 土层细菌特有OTU 数。其中，中壤土、砂壤土配施农富康腐熟剂，中壤土配施人元腐熟剂和砂壤土配施中农绿康腐熟剂效果更为明显。土壤优势菌种均由 α-变形菌纲（Alphaproteobacteria）转变为 δ-变形菌纲（Deltaproteobacteria），均增加 β-变形菌纲相对丰度。中壤土配施农富康腐熟剂使 0~15 cm 土层芽单胞菌（*Gemmatimonadetes*）、Subgroup_6 和亚硝化单胞菌（*Nitrosomonadaceae*）相对丰度减少，但增加了鞘氨醇单胞菌丰度；而在砂壤土 0~15 cm 中增加了亚硝化单胞菌相对丰度。中壤土施用中农绿康和农富康腐熟剂土壤细菌多样性差异显著；中壤土和砂壤土配施中农绿康腐熟剂细菌多样性差异显著；砂壤土配施中农绿康和人元腐熟剂土壤细菌多样性差异显著；砂壤土配施中农绿康腐熟剂显著改变土壤细菌多样性。对各组土壤细菌多样性差异发挥显著性作用的细菌有 α-变形菌（*Alphaproteobacteria*），Subgroup_6，鞘氨醇单胞菌（*Sphingomonas*），蓝细菌（*Cyanobacteria*），*c-chloroplast*，芽单胞菌，酸杆菌和 *Blastocatellia*。中壤土秸秆还田表层和深层土壤细菌群落功能基因在代谢途径上存在差异；表层土壤常规营养物质代谢活性与微量物质代谢活性均强于深层。中壤土配施三种腐熟剂的表层土壤功能基因丰度不同；砂壤土秸秆还田配施腐熟剂改变 15~30 cm 土层细菌功能，显著提高代谢途径基因数量，尤以中农绿康腐熟剂较为明显。不同质地土壤细菌多样性对玉米秸秆还田配施腐熟剂存在较大差异，秸秆腐熟剂配施应因地制宜。

微生物参与土壤中生物和生物化学反应，推动土壤有机质的矿化分解[87]。土壤微生物种类、数量及变化在一定程度上反映了土壤有机质的矿化速度及各种养分的存在状态，从而直接影响土壤的供肥状况[88]。土壤类型及植被类型影响土壤微生物群落的结构[89-90]，荒漠草原中壤土和砂壤土主要类群微生物数量分布不同，细菌数量分布为中壤土>砂壤土[90-91]；玉米吐丝期根际微生物数量，中壤土>砂壤土；根际微生物数量随土壤有机质含量减少而减少，其中对细菌数量的影响达显著水平[92]。土壤硝酸细菌、亚硝酸细菌及氨氧化细菌数量，壤土>砂土[93]；壤质黏土固碳细菌群落多样性高于砂质黏壤土[94]，添加秸秆后，砂壤土微生物量增加的幅度大于黏壤土，与黏壤土相比，砂壤土秸秆还田可以取得更好的土壤碳固存、微生物量和氮素保持效果[95]；不同质地土壤细菌数量分布情况研究较多，细菌多样性差异研究较薄弱。秸秆还田培肥效应受年份、土层深度和土壤质地的影响显著[96]。冷凉地区秸秆粉碎还田后的秸秆在田间自然状态下腐熟慢，影响下茬作物出苗；秸秆腐熟剂是一种含有多种微生物菌群的有机物料，能使冷凉地区秸秆腐熟速度加快[59]，提高秸秆利用率[97-98]。土壤细菌的种类和数量受到秸秆腐熟剂的明显影响，秸秆腐熟剂施用前期对土壤细菌群落结构产生较大的影响，而后期对土壤微生物群的影响不明显[99-103]。秸秆还田配施腐熟剂有助于土壤微生物群落活性与多样性的提高[6]；腐熟剂菌种组成是决定腐熟效果的关键因素[104]，内含芽孢杆菌、丝状真菌、放线菌和酵母菌的秸秆腐熟剂对玉米秸秆的促腐作用优于由好氧性的多个菌种复合培养而成的秸秆腐熟剂和富含分解纤维素、半纤维素、木质素和其他生物有机物质的微生物菌群的秸秆腐熟剂[105]。土壤生境条件影响秸秆腐熟剂的效果[106]；秸秆腐熟剂在有秸秆土壤中均能促进有机质的分解，且促进效果表现在早期，随着时间促分解效果越来越不明显；而在无秸秆土壤中施用腐熟剂没有明显促进有机质分解[107]；参与秸秆降解的细菌多样性极为丰富，且在不同时间段，出现不同的优势菌群[108]；不同质地土壤秸秆还田配施腐熟剂土壤细菌优势菌群差异分析，将会为不同质地土壤鉴选腐熟剂提供理论依据。

2.5.1 材料与方法

2.5.1.1 研究区概况及试验设计

与2.4节相同。

2.5.1.2 测定项目与方法

土壤采集及土壤总DNA提取方法与2.4相同。对16S r DNA高变区V3+V4区进行测序。

2.5.1.3 数据处理

与2.4节相同。

2.5.2 结果与分析

2.5.2.1 不同质地土壤秸秆还田配施腐熟剂对细菌OTU数的影响

按照97%的相似度进行聚类，24个样品共得到9512个OTU，对各个样品进行OTU数量韦恩图统计（如图2-7所示），a、b、c、d、e、f、g和h组内样品相同OTU分别有564，2723，473，2777，2918，527，808，2796个；8组样品相同OTU共2419个；其中g组特有OTU数最多，为63个，其次是b、c和a组，分别为34，34和32

个，d 组和 h 组特有 OTU 数较少，分别为 15 个和 7 个。不同质地土壤秸秆还田配施腐熟剂处理特有 OTU 数均比未施腐熟剂的多；g 组特有 OTU 数较 c 组多；a、b 组特有 OTU 数均比 e 组、f 组多，但差异不大。由图 2-7 可知，砂壤土和中壤土中施用腐熟剂后均能增加 0~15 cm、15~30 cm、30~45 cm 土层细菌特有 OTU 数，尤其是 SR111 和 SR311，ZR211 和 ZR311，说明施用腐熟剂改变了各土层细菌分布。

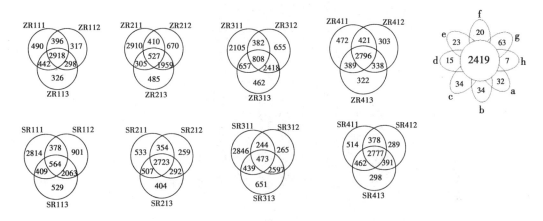

图 2-7　各组样品 OTU 数

2.5.2.2　不同质地土壤秸秆还田配施腐熟剂对物种分布的影响

根据 OTU 物种注释结果，选取每个样品在门水平上丰度排名前 10 的物种绘制相对丰度柱形累加图，观察在门分类水平上各组样品相对丰度较高的物种及其比例。由图 2-8 可知，OTU 注释统计总共聚类到 65 个门，其中各组样品优势菌属主要分布在变形菌门、酸杆菌门、拟杆菌门、绿弯菌门、放线菌门、芽单胞菌门、硝化螺旋菌门、疣微菌门、浮霉菌门、蓝细菌门，其中含量相对丰度的是变形菌门（35%~43%），其次是酸杆菌门（14%~25%）和拟杆菌门（5%~10%）。

c、f、g 组中 δ-变形菌纲（Deltaproteobacteria）占优势，相对丰度为 14%~18%，b、d、e、h 组中 α-变形菌纲（Alphaproteobacteria）占优势，相对丰度为 12%~14%。a 组与 d 组相比，δ-变形菌纲、β-变形菌纲、芽单胞菌、鞘脂杆菌纲（Sphingobacteria）、放线菌纲相对丰度增加，α-变形菌纲细菌相对丰度降低。b 组与 d 组相比，α-变形菌纲相对丰度有所降低，但仍占优势；β-变形菌纲、芽单胞菌相对丰度增加。c 组与 d 组相比，优势菌变为 δ-变形菌纲，α-变形菌纲细菌相对丰度降低，说明砂壤土秸秆还田配施中农绿康和农富康腐熟剂土壤优势菌种由 α-变形菌纲转变为 δ-变形菌纲，并且 β-变形菌纲、芽单胞菌相对丰度增加。e 组与 h 组相比，优势菌种未变，但芽单胞菌、鞘脂杆菌纲、放线菌、全噬菌纲相对丰度均增加；f 组和 g 组与 h 组相比，δ-变形菌纲、β-变形菌纲相对丰度均增加，α-变形菌纲相对丰度降低，说明中壤土秸秆还田配施人元和农富康腐熟剂优势菌种由 α-变形菌纲转变为 δ-变形菌纲，并且 β-变形菌纲相对丰度增加。

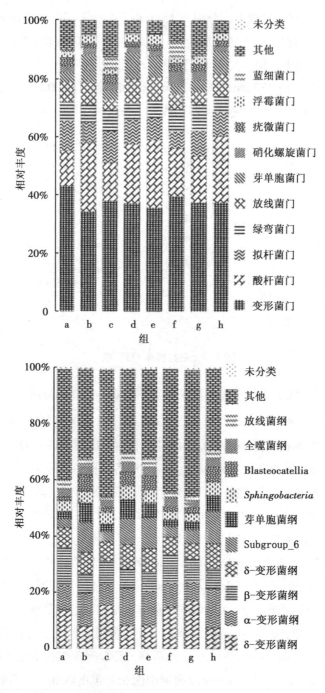

图 2-8 细菌聚类树及门和纲水平上的物种相对丰度

同组内样品细菌相对丰度存在差异，由图 2-9 可知，SR112 和 SR113、SR312 和 SR313、ZR212 和 ZR213、ZR312 和 ZR313 中地杆菌（*Geobacter*）占优势，与 SR412 和 SR413 相比，芽单胞菌（*Gemmatimonadaceae*）、亚硝化单胞菌（*Nitrosomonadaceae*）和 subgroup_6 相对丰度降低，未出现噬纤维菌（*Cytophagaceae*）、黄单胞杆菌（*Xanthomonadales*）和鞘氨醇单胞菌（*Sphingomonas*）。这说明，砂壤土配施中农绿康和农富

康腐熟剂，中壤土配施人元和农富康腐熟剂使 15～30，30～45 cm 土层细菌结构发生明显变化。其余样品中芽单胞菌、亚硝化单胞菌和 subgroup_6 占优势；其中 ZR111、SR111 和 ZR311 细菌相似度高；ZR113、ZR112、ZR413、ZR412 细菌相似度高，SR413、SR412、SR213、SR212 细菌相似度高，以上 15～30 cm、30～45 cm 土层样品中鞘氨醇单胞菌相对丰度增加；SR411、SR111、ZR411、ZR211、SR311 细菌相似度高，芽单胞菌科相对丰度较高，噬纤维菌科、鞘氨醇单胞菌、黄单胞杆菌、厌氧绳菌科（Anaerolineaceae）、地杆菌、亚硝化单胞菌科相对丰度相近；ZR311 与 ZR411，SR311 与 SR411 相似度低。

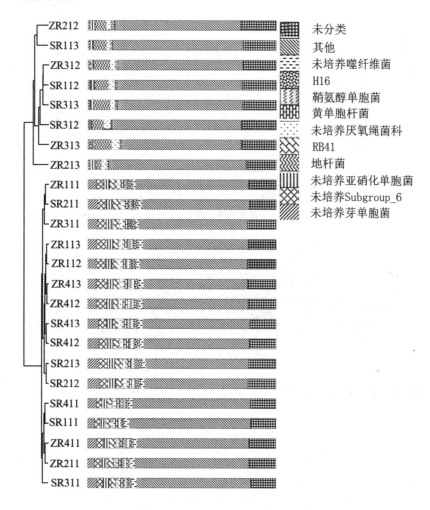

图 2-9　各样品细菌聚类树及属水平物种相对丰度

2.5.2.3　不同质地土壤秸秆还田配施腐熟剂对 Beta 多样性的影响

由图 2-10 可知，a、c、f 和 g 四组间距离较近，相似性高，b、d、e 和 h 四组间距离较近，相似性高；而 a 与 b、a 与 d、c 与 b、c 与 d、f 与 e、f 与 h、g 与 e、g 与 h 组间距离较远，相似性低，差异程度大。由图 2-10 可知，a 组与 b 组、d 组和 e 组细菌多样性均有显著差异，e组与f组细菌多样性均有显著差异，说明中壤土和砂壤土秸秆还田配施中农绿康腐熟剂，细菌多样性差异显著；砂壤土配施中农绿康和人元秸秆腐熟剂，土壤细菌多样性差异显著；砂壤土配施中农绿康腐熟剂，显著增加土壤细菌多样性；中壤土配施中农绿康和人元秸秆腐熟剂，土壤细菌多样性差异显著。

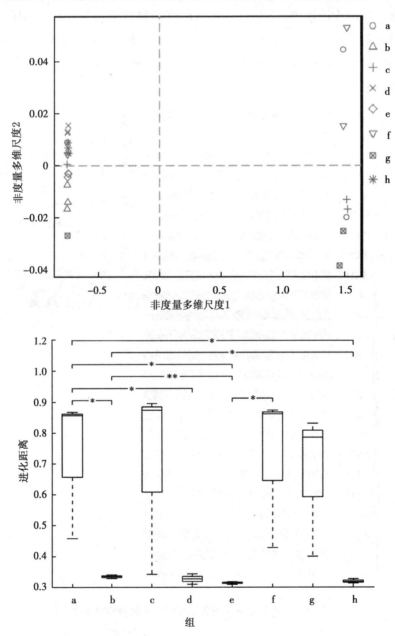

图2-10 NMDS非度量多维尺度和Beta多样性分析

注：上图点与点之间的距离表示差异程度，在坐标图上距离越近的样品，相似性越高。下图 * 代表某差异显著，** 代表某差异极显著。

2.5.2.4　不同质地土壤秸秆还田组间差异物种分析

根据 8 组样品 LEf Se 分析，筛选出 LDA 值大于 4 的物种，发现 a、c、g、e 组中不存在显著性差异的分类，而 b、d、f 和 h 组间细菌多样性存在差异，发挥显著性作用的菌种分别具有 9、1、2 和 8 个分类（如图 2-11 所示）。这些分类群主要来自 α-变形菌（*Alphaproteobacteria*），Subgroup_6，鞘氨醇单胞菌（*Sphingomonas*），蓝细菌（*Cyanobacteria*），c-chloroplast，芽单胞菌（*Gemmatimonadetes*），酸杆菌和 Blastocatellia。各组差异效果影响较大的物种不同，h 组中 α-变形菌和 Subgroup_6、鞘氨醇单胞菌属、鞘脂单胞菌科（*Sphingomonadaceae*）物种，d 组中芽单胞菌物种，f 组中蓝细菌、c-chloroplast 物种，b 组中酸杆菌、Blastocatellia、芽单胞菌物种丰度对差异效果影响较大，即它们是各组中起重要作用的微生物类群。

2.5.2.5　不同质地土壤秸秆还田土壤细菌功能差异性分析

中壤土秸秆还田对表层和深层样品之间在细菌群落功能基因代谢途径上存在差异。ZR311 和 ZR313 间土壤功能基因丰度显著差异（$P<0.05$）的功能通路一共有 36 个［如图 2-12（a）所示］，其中，生物降解与代谢、氨基酸代谢和其他氨基酸的代谢、萜类和聚酮类化合物的代谢、脂质代谢等通路在 ZR311 中比例较高；而 ZR313 中碳水化合物代谢、细胞运动、能量代谢、糖类生物合成与代谢、膜运输、翻译和信号转导等通路比例较高。表层土壤对于常规营养物质代谢活性与微量物质代谢活性均要强于深层，推测秸秆还田对耕作层有改善作用。

中壤土配施不同腐熟剂，表层土壤功能基因丰度不同［如图 2-12（b）所示］。ZR211 和 ZR311 间显著差异（$P<0.05$）的功能通路一共有 35 个，其中，生物降解与代谢、脂质代谢、氨基酸代谢和其他氨基酸的代谢通路在 ZR211 比例要高于 ZR311，而 ZR311 中细胞运动、能量代谢、糖类生物合成与代谢、辅因子与维生素的代谢和翻译等通路比例较高。

从图 2-12（c）可知，SR112 和 SR412 间显著差异（$P<0.05$）的功能通路一共有 42 个，其中，糖类生物合成与代谢、碳水化合物代谢、翻译、核苷酸代谢、复制和修复、辅助因子与维生素的代谢等通路在 SR112 比例较高，而 SR412 中外来生物的生物降解与代谢、信号转导、细胞运动、萜类和聚酮类化合物的代谢、脂质代谢、氨基酸代谢占优势；SR312 和 SR112 间显著差异（$P<0.05$）的功能通路一共有 39 个，其中，生物降解与代谢、能量代谢、信号转导、膜运输通路在 SR312 中比例较高，而糖类生物合成与代谢、碳水化合物代谢、翻译、复制和修复、核苷酸代谢通路在 SR112 中比例较高，说明，砂壤土秸秆还田配施腐熟剂改变 15~30 cm 土层细菌功能，显著提高代谢途径基因数量，其中，中农绿康秸秆腐熟剂差异最多。

可见，不同质地土壤秸秆还田配施腐熟剂使土壤细菌群落功能和代谢发生改变，不同腐熟剂在同一质地土壤秸秆还田中土壤细菌代谢路径和代谢路径中基因数量的改变效应表现不同。

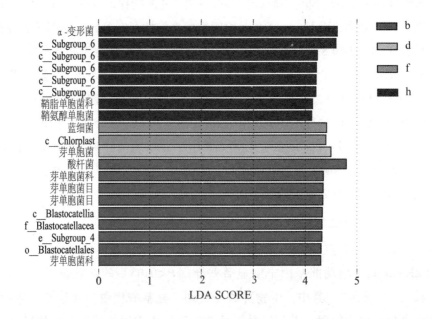

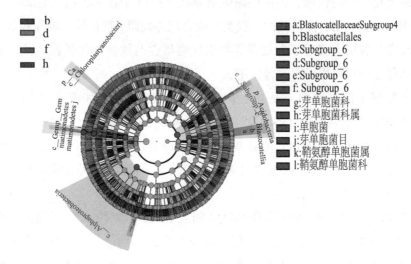

图 2-11 LEf Se 组间群落差异分析

注：上图为统计两个组别当中有显著作用的微生物类群通过 LDA 分析（线性回归分析）后获得的 LDA 分值。

下图为聚类树，不同符号表示不同分组，树枝中不同符号节点表示在对应符号组别中起到重要作用的微生物类群，白色节点表示的是在四组中均没有起到重要作用的微生物类群。

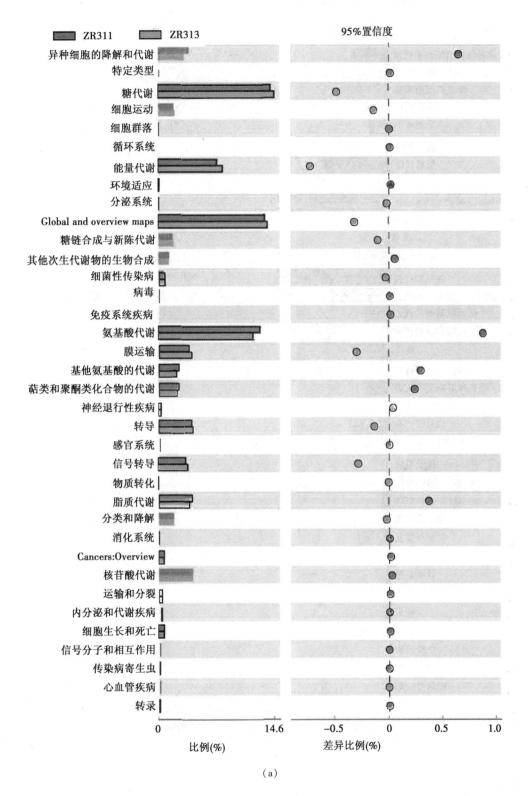

（a）

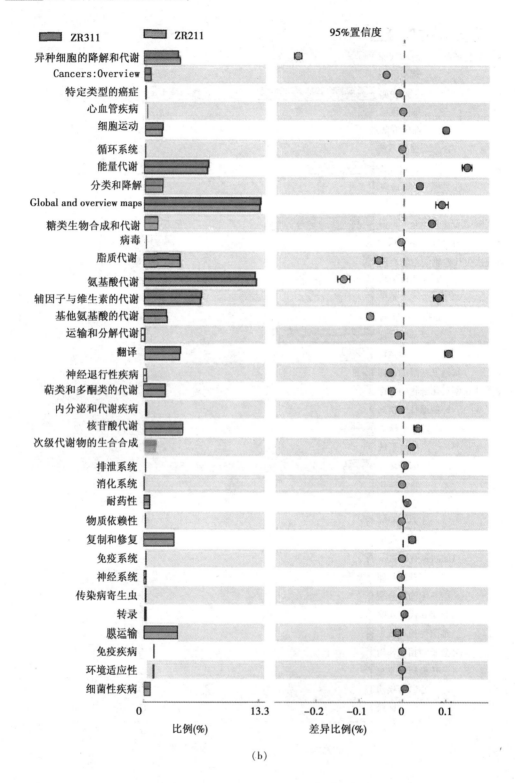

（b）

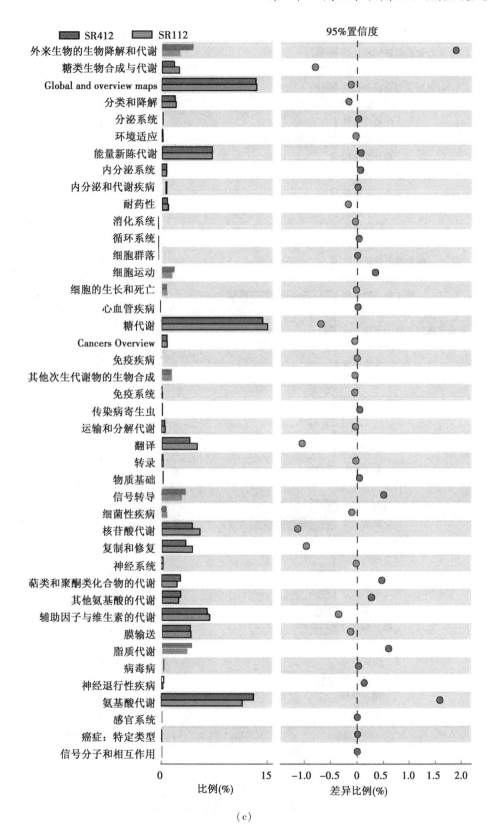

(c)

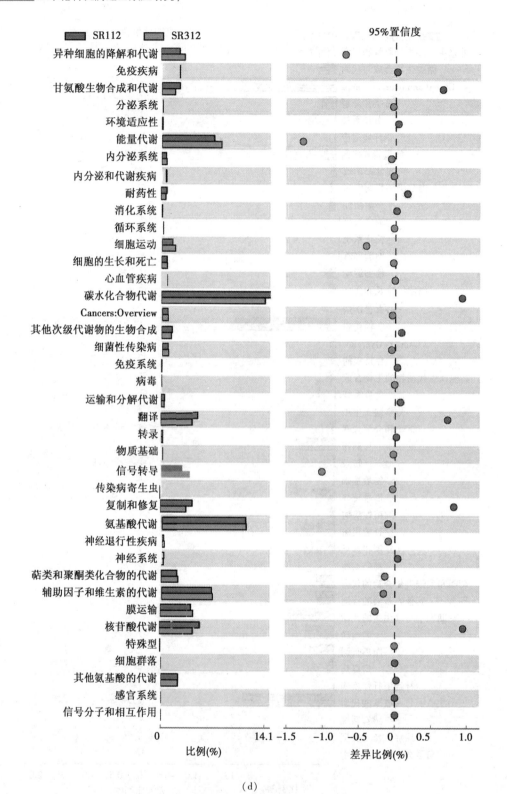

(d)

图 2-12　土壤细菌 KEGG 代谢途径差异分析

2.5.3　讨论

不同质地土壤细菌物种分布及多样性不同，豫中南烟区壤土以酸杆菌门相对丰度最高[109]；随着土壤粗度的增加，细菌种类的丰富度显著增加[110]；细土中细菌的细胞生长速率高于粗土[111]；农田湿度限制了细菌群落的发育潜力，细菌群落对水分变化的反应取决于土壤类型[91]；土壤类型和深度对细菌群落的结构和组成有显著影响[112]。由本研究结果可知，西辽河平原灌区玉米连作中壤土和砂壤土秸秆还田土壤细菌相对丰度最高的是变形菌门，其次是酸杆菌门和拟杆菌门；中壤土、砂壤土配施农富康腐熟剂，中壤土配施人元腐熟剂和砂壤土配施中农绿康腐熟剂改变了土壤优势菌种；中壤土配施农富康腐熟剂增加了鞘氨醇单胞菌丰度，砂壤土配施后增加了土壤固氮作用的亚硝化单胞菌相对丰度；鞘氨醇单胞菌属可降解芳香化合物，其代谢能力高、有多功能的生理特性，在环境保护方面具有巨大的应用潜力。中壤土和砂壤土秸秆还田配施中农绿康和农富康腐熟剂土壤细菌多样性无差异，而中壤土和砂壤土配施人元秸秆腐熟剂土壤细菌多样性存在差异；参与秸秆腐解过程的细菌类群丰富，主要有芽孢杆菌属（*Bacillus*）、苍白杆菌属（*Ochrobactrum*）、假单胞杆菌属（*Pseudomonas*）和肠杆菌属（*Enterobacter*）等。其中，芽孢杆菌属数量最多，种类丰富，为优势菌株[113]。本研究使用的中农绿康腐熟剂和农富康腐熟剂均含有芽孢杆菌；中农绿康和人元腐熟剂含有纤维素分解能力较强的绿色木霉和丝状菌，均为细菌和真菌的复合菌剂，土壤施入秸秆生物质炭后，土壤细菌内部及细菌与真菌的种间积极作用显著增强[114]，腐熟剂中的纤维素降解菌能够在土壤和秸秆上定植，腐熟剂秸秆上功能菌分布数量及活性均超出不施菌剂秸秆[115]，施入菌与土著菌之间存在竞争与协同作用，腐熟剂对初期的腐熟温度的提高起到关键作用，随着腐熟进程的深入，微生物菌群发生了更替[116]。

秸秆腐解残留率与土壤微生物群落的优势度呈显著负相关，微生物群落在一定程度上影响了秸秆分解的速率[61]。随着秸秆埋深的增加，秸秆腐解微生物群落碳源代谢活性、丰富度指数、优势度指数和均匀度指数均表现出逐渐降低的趋势[117]，而在荣国华[118]的研究中秸秆埋深对于优势度指数影响较小；本研究中表层土壤细菌中芽单胞菌、亚硝化单胞菌和 subgroup_6 占优势，深层土壤细菌中地杆菌（*Geobacter*）占优势。亚硝化单胞菌参与硝化作用，可将 NH—N 氧化成 NO_2，它们都能利用氧化过程释放的能量，使二氧化碳合成为细胞有机物质；地杆菌具有重要的生物修复功能。

中壤土与砂壤土秸秆还田无腐熟剂土壤细菌多样性存在差异，中壤土中起重要作用的微生物类群为 α-变形菌，其中包括光合细菌，还有代谢 C1 化合物的种类和植物共生的细菌（如根瘤菌属）；植物通过光合作用形成碳水化合物，再将其输送到根部，由根系提供给土壤中的细菌。作为交换，细菌则提供植物生长所必需的磷元素；鞘氨醇单胞菌耐受贫营养的代谢机制，能够降解高分子有机污染物。砂壤土中起重要作用的微生物类群为芽单胞菌。中壤土与砂壤土秸秆还田配施人元秸秆腐熟剂土壤细菌多样性存在差异，中壤土中起重要作用的微生物类群为蓝细菌，蓝细菌可以直接固定大气中的氮，提高土壤肥力；而砂壤土中起重要作用的微生物类群为酸杆菌，酸杆菌在土壤物质循环、土壤中活性代谢产物的产生和与其他微生物互作中可能起到非常重要的作用。酸杆菌降解纤维素能力可能很弱，但在寒冷的北方酸性湿地中，其他纤维素降解菌难以生存，酸杆菌在这种条件下可能对纤维素降解起到重要的作用。酸杆菌具有许多编码纤维素酶和半纤维素酶的基因，表明酸杆菌在植物残体降解中起到重要的作用。在多环芳烃（PAHs）及六六六（HCH）异构体的降解方面，鞘氨醇单胞菌有着独特的优势[119]。

土壤中微生物的群落结构及功能多样性在土壤的肥力因素中起活跃作用。秸秆施入提高了土壤微生物群落的生理代谢活性，但对微生物功能多样性指数没有显著性影响[120]。本研究中壤土秸秆还田及秸秆还田配施腐熟剂对表层和深层土壤在细菌群落功能基因代谢途径上存在差异；砂壤土秸秆还田配施腐熟剂改变 15～30 cm 土层细菌功能，显著提高代谢途径基因数量。秸秆还田后提高了土壤微生物对各种碳源的利用率，主要以碳水类碳、氨基酸类和多聚物三大类为主[118]；玉米秸秆分解过程中，微生物菌落生理特性有明显变化，其碳水化合物的相对利用率下降，氨基酸的利用率增加[121]；生物炭对碳基质利用的影响既与土壤类型有关，也可能影响土壤中硝化作用及微生物群落的功能和活性[122]。秸秆还田土壤细菌中与环境适应、细胞运动、复制和修复及免疫系统相关的功能基因家族高度表达[123]；本研究中，中壤土秸秆还田配施不同腐熟剂处理土壤细菌生物降解与代谢、脂质代谢、氨基酸代谢和其他氨基酸的代谢、能量代谢、糖类生物合成与代谢、辅因子与维生素的代谢相关功能基因表达存在差异；砂壤土秸秆还田配施中农绿康秸秆腐熟剂处理土壤细菌与糖类生物合成与代谢、碳水化合物代谢、翻译、核苷酸代谢、复制和修复、辅因子与维生素的代谢相关功能基因高度表达。不同质地土壤玉米秸秆还田配施腐熟剂土壤细菌多样性、物种分布及其功能存在差异，其机制有待进一步研究探讨。

2.5.4 结论

中壤土秸秆还田土壤中起重要作用的微生物类群为 α-变形菌、鞘氨醇单胞菌；而砂壤土中起重要作用的微生物类群为芽单胞菌。中壤土、砂壤土配施农富康腐熟剂，中壤土配施人元腐熟剂和砂壤土配施中农绿康腐熟剂改变土壤细菌优势菌种，影响土壤细菌多样性及代谢通路；土壤优势菌种均由 α-变形菌纲转变为 δ-变形菌纲，均增加 β-变形菌纲相对丰度。中壤土配施农富康腐熟剂使 0～15 cm 土层芽单胞菌、subgroup_6 和亚硝化单胞菌相对丰度减少，但增加了鞘氨醇单胞菌丰度；而在砂壤土 0～15 cm 中增加了亚硝化单胞菌相对丰度。中壤土秸秆还田配施人元秸秆腐熟剂起重要作用的微生物类群为蓝细菌；而砂壤土中起重要作用的微生物类群为酸杆菌。

参考文献

[1]　郑明强,李仕敏.不同腐解剂对玉米秸秆腐解效果试验初报[J].贵州农业科学,2001 (6):23-25.

[2]　李飒,聂俊华.添加外源纤维素酶对土壤原生纤维素酶活性的影响[J].山东农业科学,2010(7):56-58.

[3]　韩玮,聂俊华,李飒.外源纤维素酶对秸秆降解速率及土壤速效养分的影响[J].中国土壤与肥料,2006(5):28-32.

[4]　韩玮,聂俊华,李飒.外源纤维素酶在秸秆还田上的应用研究[J].河南农业科学,2005(11):72-75.

[5]　于艳辉,程智慧,谢芝春,等.5种微生物发酵剂对玉米秸秆的发酵效果[J].西北农业学报,2010,19(2):95-99.

[6]　于建光,常志州,黄红英,等.秸秆腐熟剂对土壤微生物及养分的影响[J].农业环境科学学报,2010,29(3):563-570.

[7]　谢柱存,何伟松.三种秸秆腐熟菌剂在稻田上的比较试验[J].广西农学报,2008,23 (6):17-19.

[8]　温从雨,王华良,程扶旗.绩溪县秸秆腐熟菌剂大田对比试验初报[J].安徽农学通报,2008(19):72-73.

[9]　林华.不同秸秆腐熟剂的应用效果比较试验[J].农业科技通讯,2010(9):76-78.

[10]　吴敏峰,耿秀蓉,祝小,等.产纤维素酶芽孢杆菌的分离鉴定[J].饲料工业,2006 (20):21-24.

[11]　程超.绵羊瘤胃内纤维素分解菌的分离鉴定及白色瘤胃球菌纤维素酶CELB基因的克隆[D].呼和浩特:内蒙古农业大学,2007.

[12]　赵雅丽,刘占英,张海健,等.溶纤维丁酸弧菌产纤维素酶适宜的碳源和氮源研究[J].内蒙古工业大学学报(自然科学版),2011,30(4):478-481.

[13]　周望平,谢菊兰,肖兵南.高产纤维素酶热纤梭菌选育及酶活力最适表达条件研究[J].微生物学杂志,2005(4):31.

[14]　陈春岚,李楠.细菌纤维素酶研究进展[J].广西轻工业,2007(1):18-20.

[15]　张继泉,王瑞明,孙玉英,等.里氏木霉生产纤维素酶的研究进展[J].饲料工业,2003,24(1):9-13.

[16]　李文佳,林亲录.绿色木霉产纤维素酶的研究进展[J].现代食品科技,2007,23(5):91-92.

[17]　邹水洋,吴清林,肖凯军,等.康宁木霉与米根霉混合发酵生产纤维素酶和木聚糖酶的研究[J].河南工业大学学报,2009,30(3):69-74.

[18]　马琼.米曲霉纤维素酶高产菌株的诱变育种研究[J].食品科学,2009(19):207-

209.

[19] 张福元,宋燕青,程文晓,等.黑曲霉发酵玉米秸秆产纤维素酶的研究[J].山西农业大学学报(自然科学版),2009,29(3):206-210.

[20] 尹小刚,王猛,孔箐锌,等.东北地区高温对玉米生产的影响及对策[J].应用生态学报,2015,26(1):186-198.

[21] 董林林,王海侯,陆长婴,等.秸秆还田量和类型对土壤氮及氮组分构成的影响[J].应用生态学报,2019,30(4):1143-1150.

[22] 霍海南,李杰,袁磊,等.秸秆还田量对培肥农田黑土氮素初级转化速率的影响[J].应用生态学报,2020,31(12):4109-4116.

[23] 胡明芳,赵振勇,张科.周年秸秆还田量对南方双季稻生长及产量的影响[J].中国农学通报,2020,36(4):1-6.

[24] 李录久,吴萍萍,王家嘉,等.不同秸秆还田量对水稻产量和土壤肥力的影响[J].安徽农业科学,2020,48(10):43-45.

[25] 穆心愿,赵霞,谷利敏,等.秸秆还田量对不同基因型夏玉米产量及干物质转运的影响[J].中国农业科学,2020,53(1):29-41.

[26] 张静,温晓霞,廖允成,等.不同玉米秸秆还田量对土壤肥力及冬小麦产量的影响[J].植物营养与肥料学报,2010,16(3):612-619.

[27] 刁生鹏,高日平,高宇,等.内蒙古黄土高原秸秆还田对玉米农田土壤水热状况及产量的影响[J].作物杂志,2019(6):83-89.

[28] 王璞,赵秀琴.浸提条件对小麦秸秆中化感物质检测结果的影响[J].植物学通报,2001(6):735-738.

[29] 李雪梅,陈育如,骆跃军,等.烟草废料中多酚类物质的浸提条件研究[J].高校化学工程学报,2006,20(2):315-318.

[30] 邵庆勤,何克勤,张伟.小麦秸秆浸提物的化感作用研究[J].种子,2007,26(4):11-13.

[31] BOZ O.Allelopathic effects of wheat and rye straw on some weeds and crops[J].Asian journal of plant sciences,2003,2(10):772-778.

[32] 赵先龙.玉米秸秆腐解液化感效应及典型化感物质分离鉴定[D].哈尔滨:东北农业大学,2014.

[33] 刘贤文,郭华春.马铃薯与玉米复合种植对土壤化感物质及土壤细菌群落结构的影响[J].中国生态农业学报(中英文),2020,28(6):794-802.

[34] 刘苹,赵海军,唐朝辉,等.连作对不同抗性花生品种根系分泌物和土壤中化感物质含量的影响[J].中国油料作物学报,2015,37(4):467-474.

[35] 鄢邵斌,王朋.化感物质对植物根系形态属性影响的 meta 分析[J].应用生态学报,2020,31(7):2168-2174.

[36]　李庆凯,刘苹,赵海军,等.玉米根系分泌物对连作花生土壤酚酸类物质化感作用的影响[J].中国农业科技导报,2020,22(3):119-130.

[37]　王佳佳,奚永兰,常志州,等.秸秆快腐菌(*Streptomyces rochei*)对还田麦秸化感物质的响应[J].江苏农业学报,2016,32(5):1081-1087.

[38]　吴会芹,董林林,王倩.玉米、小麦秸秆水浸提液对蔬菜种子的化感作用[J].华北农学报,2009,24(S2):140-143.

[39]　张蓓,郁继华,颉建明,等.腐熟玉米秸秆水浸液对黄瓜种子萌发特性的影响[J].甘肃农业大学学报,2012,47(5):82-87.

[40]　王雪涵.三种作物秸秆对大白菜幼苗生长及土壤化学性质的影响[D].哈尔滨:东北农业大学,2018.

[41]　陈勇,王洪预,吕小飞,等.玉米秸秆浸提液对3种作物种子萌发及幼苗生理代谢的影响[J].玉米科学,2016,24(4):98-104.

[42]　郑蔚虹,左安国,姚燚,等.玉米秸秆发酵液对大豆种子萌发的影响[J].种子,2004(10):18-20.

[43]　彭晓邦,程飞,张硕新.玉米叶水浸液对不同产地桔梗种子的化感效应[J].西北林学院学报,2011,26(6):129-134.

[44]　彭晓邦,张硕新.玉米叶水浸提液对不同产地黄芩种子的化感效应[J].草业科学,2012,29(2):255-262.

[45]　刘小民,孟庆民,王学清,等.玉米秸秆不同部位水浸提液对荠菜化感作用的研究[J].河北农业科学,2013,17(6):36-39.

[46]　王宇欣,孙倩倩,王平智,等.玉米秸秆复配基质对黄瓜幼苗生长发育的影响[J].农业机械学报,2018,49(7):286-295.

[47]　萨如拉,杨恒山,范富,等.黄腐酸和玉米秸秆浸出液对玉米种子萌发及根系活力的影响[J].内蒙古民族大学学报(自然科学版),2018,33(1):45-48.

[48]　萨如拉,杨恒山,范富,等.秸秆还田量和腐熟剂对秸秆降解率和土壤理化性质的影响[J].河南农业科学,2018,47(9):56-61.

[49]　赵孔平,刘伟堂,朱宝林,等.不同作物秸秆腐解液对节节麦种子萌发和幼苗生长的影响[J].中国农学通报,2020,36(12):132-138.

[50]　赵先龙,李晶,顾万荣,等.连作下玉米秸秆腐解液对种子萌发的影响[J].作物杂志,2013(5):137-141.

[51]　郑曦,钱力,李小花.玉米秸秆水浸提液对3种小麦种子萌发和幼苗生长的影响[J].江苏农业科学,2015,43(7):93-95.

[52]　乔天长,赵先龙,张丽芳,等.秸秆腐解液对玉米苗期根系生长的影响[J].作物杂志,2014(4):120-124.

[53]　乔天长,赵先龙,张丽芳,等.玉米秸秆腐解液对苗期根际土壤酶活性及根系活力的

影响[J].核农学报,2015,29(2):383-390.

[54] 于寒,高春梅,谷岩.秸秆腐解液对玉米幼苗根系生长及生理特性的影响[J].分子植物育种,2018,16(23):7795-7799.

[55] DILLY O,MUNCH J C.Ratios between estimates of microbial biomass content and microbial activity in soils[J].Biology and fertility of soils,1998,27(4):374-379.

[56] RIFFALDI R,LEVI-MINZI R,SAVIOZZI A,et al.Adsorption on soil of dissolved organic carbon from farmyard manure[J].Agriculture,ecosystems & environment,1998,69(2):113-119.

[57] 黄丹莲.堆肥微生物群落演替及木质素降解功能微生物强化堆肥机理研究[D].长沙:湖南大学,2011.

[58] 张红,曹莹菲,徐温新,等.植物秸秆腐解特性与微生物群落变化的响应[J].土壤学报,2019,56(6):1482-1492.

[59] 张红,吕家珑,曹莹菲,等.不同植物秸秆腐解特性与土壤微生物功能多样性研究[J].土壤学报,2014,51(4):743-752.

[60] 李鹏,李永春,史加亮,等.水稻秸秆还田时间对土壤真菌群落结构的影响[J].生态学报,2017,37(13):4309-4317.

[61] 喻曼,曾光明,陈耀宁,等.PLFA法研究稻草固态发酵中的微生物群落结构变化[J].环境科学,2007,28(11):2603-2608.

[62] 辛励,陈延玲,刘树堂,等.长期定位秸秆还田对土壤真菌群落的影响[J].华北农学报,2016,31(5):186-192.

[63] BANERJEE S,KIRKBY C A,SCHMUTTER D,et al.Network analysis reveals functional redundancy and keystone taxa amongst bacterial and fungal communities during organic matter decomposition in an arable soil[J].Soil biology and biochemistry,2016,97:188-198.

[64] 张国青,赵盼,董彦旭,等.高通量测序分析环保肥料增效剂对马铃薯根际土壤真菌多样性变化影响[J].微生物学通报,2017,44(11):2644-2651.

[65] 江长胜,杨剑虹,谢德体,等.有机物料在紫色母岩风化碎屑中的腐解及调控[J].西南农业大学学报,2001,23(5):463-467.

[66] YADVINDER-SINGH,GUPTA R K,JAGMOHAN-SINGH,et al.Placement effects on rice residue decomposition and nutrient dynamics on two soil types during wheat cropping in rice-wheat system in northwestern India[J].Nutrient cycling in agroecosystems,2010,88(3):471-480.

[67] HENRIKSEN T M,BRELAND T A.Carbon mineralization,fungal and bacterial growth,and enzyme activities as affected by contact between crop residues and soil[J].Biology and fertility of soils,2002,35(1):41-48.

[68] PASCAULT N, CÉCILLON L, MATHIEU O, et al. In situ dynamics of microbial communities during decomposition of wheat, rape, and alfalfa residues[J]. Microbial ecology, 2010, 60(4): 816-828.

[69] 宋志伟, 陈露露, 潘宇, 等. 3种菌剂对水稻秸秆降解性能的影响[J]. 生态环境学报, 2018, 27(11): 2134-2141.

[70] 钱海燕, 杨滨娟, 黄国勤, 等. 秸秆还田配施化肥及微生物菌剂对水田土壤酶活性和微生物数量的影响[J]. 生态环境学报, 2012, 21(3): 440-445.

[71] 刘增亮, 廖楠, 汪茜, 等. 不同土壤类型下甘蔗根系AM真菌多样性及与土壤因子关系[J]. 基因组学与应用生物学, 2020, 39(1): 216-224.

[72] 李安英, 张潞生, 高微微, 等. 适于变性梯度凝胶电泳(DGGE)分析的草莓根际土壤微生物的DNA模板制备[J]. 农业生物技术学报, 2009, 17(4): 701-706.

[73] LOZUPONE C, KNIGHT R. UniFrac: a new phylogenetic method for comparing microbial communities[J]. Applied and environmental microbiology, 2005, 71(12): 8228-8235.

[74] 张海波, 梁月明, 冯书珍, 等. 土壤类型和树种对根际土丛枝菌根真菌群落及其根系侵染率的影响[J]. 农业现代化研究, 2016, 37(1): 187-194.

[75] 孙倩, 吴宏亮, 陈阜, 等. 宁夏中部干旱带不同作物根际土壤真菌群落多样性及群落结构[J]. 微生物学通报, 2019, 46(11): 2963-2972.

[76] LIAO H, ZHANG Y C, ZUO Q Y, et al. Contrasting responses of bacterial and fungal communities to aggregate-size fractions and long-term fertilizations in soils of northeastern China[J]. Science of the total environment, 2018, 635: 784-792.

[77] 代红翠, 张慧, 薛艳芳, 等. 不同耕作和秸秆还田下褐土真菌群落变化特征[J]. 中国农业科学, 2019, 52(13): 2280-2294.

[78] KOECHLI C, CAMPBELL A N, PEPE-RANNEY C, et al. Assessing fungal contributions to cellulose degradation in soil by using high-throughput stable isotope probing[J]. Soil biology and biochemistry, 2019, 130: 150-158.

[79] 马琨, 陶媛, 杜茜, 等. 不同土壤类型下AM真菌分布多样性及与土壤因子的关系[J]. 中国生态农业学报, 2011, 19(1): 1-7.

[80] BEARE M H, HU S, COLEMAN D C, et al. Influences of mycelial fungi on soil aggregation and organic matter storage in conventional and no-tillage soils[J]. Applied soil ecology, 1997, 5(3): 211-219.

[81] CLOCCHIATTI A, HANNULA S E, VAN DEN BERG M, et al. The hiddenpotential of saprotrophic fungi in arable soil: patterns of short-term stimulation by organic amendments[J]. Applied soil ecology, 2020, 147: 103434.

[82] 尹雪, 许帅, 贾美清, 等. 天津海底淤泥中可培养真菌对黑麦草种子萌发和生长的影

响[J].河北农业科学,2018,22(3):4-8.

[83] 李芳.长期不同施肥条件下黄淮海平原旱作土壤微生物群落结构特征的演变[D].
郑州:河南农业大学,2018.

[84] 靳冉.枝孢菌 Cladosporium sp.Bio-1 的木质纤维素降解特性研究[D].长沙:湖南大学,2012.

[85] 梁昌聪,刘磊,郭立佳,等.球囊霉属 3 种 AM 真菌对香蕉枯萎病的影响[J].热带作物学报,2015,36(4):731-736.

[86] LUCAS S T,D' ANGELO E M,WILLIAMS M A.Improving soil structure by promoting fungal abundance with organic soil amendments[J].Applied soil ecology,2014,75:13-23.

[87] 陈伟.苹果园土壤微生物类群与栽培环境关系的研究[D].泰安:山东农业大学,2007.

[88] 孙淑荣,吴海燕,刘春光,等.玉米连作对中部农区主要土壤微生物区系组成特征影响的研究[J].玉米科学,2004,12(4):67-69.

[89] 李潮海,王小星,王群,等.不同质地土壤玉米根际生物活性研究[J].中国农业科学,2007(2):412-418.

[90] 高婷,张源沛.荒漠草原土壤微生物数量与土壤及植被分布类型的关系[J].草业科学,2006(12):22-25.

[91] WEYMAN-KACZMARKOWA W,PEDZIWILK Z.Humidity conditions and the development of bacterial communities in soils of contrasting texture[J].Applied soil ecology,1996,4(1):23-29.

[92] 徐瑞富,陆宁海,杨蕊,等.土壤类型及生育时期对小麦根际土壤微生物数量的影响[J].河南农业科学,2013,42(12):75-78.

[93] 张铭冉.土壤类型与栽培措施对板栗土壤酶活性及土壤微生物数量的影响[D].泰安:山东农业大学,2015.

[94] 王群艳,吴小红,祝贞科,等.土壤质地对自养固碳微生物及其同化碳的影响[J].环境科学,2016,37(10):3987-3995.

[95] 刘四义,梁爱珍,杨学明,等.不同部位玉米秸秆对两种质地黑土 CO_2 排放和微生物量的影响[J].环境科学,2015,36(7):2686-2694.

[96] 冀保毅,赵亚丽,郭海斌,等.深耕条件下秸秆还田对不同质地土壤肥力的影响[J].玉米科学,2015,23(4):104-109.

[97] 耿丽平,薛培英,刘会玲,等.促腐菌剂对还田小麦秸秆腐解及土壤生物学性状的影响[J].水土保持学报,2015,29(4):305-310.

[98] 蔡立群,牛怡,罗珠珠,等.秸秆促腐还田土壤养分及微生物量的动态变化[J].中国生态农业学报,2014,22(9):1047-1056.

[99]　靳志刚.添加有机物料腐熟剂对土壤细菌群落变化的影响[A].中国微生物学会农
　　　业微生物学专业委员会,2010.

[100]　陈士更,宋以玲,于建,等.玉米秸秆还田及腐熟剂对小麦产量、土壤微生物数量和
　　　酶活性的影响[J].山东科学,2018,31(2):25-31.

[101]　高大响,黄小忠,王亚萍.秸秆还田及腐熟剂对土壤微生物特性和酶活性的影响
　　　[J].江苏农业科学,2016,44(12):468-471.

[102]　李培培,张冬冬,王小娟,等.促分解菌剂对还田玉米秸秆的分解效果及土壤微生
　　　物的影响[J].生态学报,2012,32(9):2847-2854.

[103]　吴红艳,王智学,陈飞,等.秸秆降解菌剂对秸秆还田土壤中细菌种群数量的影响
　　　[J].微生物学杂志,2012,32(2):79-82.

[104]　孙旭,汝超杰,苏良湖,等.3 种秸秆腐熟剂微生物组成及其腐熟效果[J].江苏农业
　　　科学,2018,46(3):212-215.

[105]　牛怡,张仁陟,蔡立群,等.促腐条件下小麦玉米秸秆还田土壤养分变化特征研究
　　　[J].干旱地区农业研究,2015,33(2):152-158.

[106]　常志州,何加骏,WEAVER R W.两种土壤上接种微生物对提高石油降解率的影
　　　响[J].农业环境保护,1998(1):16-18.

[107]　李培培.两组秸秆促腐菌复合系的接种效果及其微生物组成在土壤中的命运
　　　[A].中国微生物学会农业微生物学专业委员会、中国土壤学会土壤生物和生物
　　　化学专业委员会、中国植物营养与肥料学会微生物与菌肥专业委员会、农业部微
　　　生物肥料和食用菌菌种质量监督检验测试中心、中国土壤学会土壤生物和生物化
　　　学专业委员会,2010.

[108]　令利军,何楠,白雪,等.基于高通量测序的玉米秸秆自然发酵过程中细菌菌群结
　　　构特征[J].兰州大学学报(自然科学版),2017,53(4):526-533.

[109]　戴华鑫,陈丽燕,陈彦春,等.豫中南烟区不同质地土壤理化性质、酶活性及微生物
　　　群落分析[J].烟草科技,2017,50(9):7-14.

[110]　CHAU J F,BAGTZOGLOU A C,WILLIG M R.The effect of soil texture on rich-
　　　ness and diversity of bacterial communities[J].Environmental forensics,2011,12
　　　(4):333-341.

[111]　UHLÍŘOVÁ E,ŠANTRŮČKOVÁ.Growth rate of bacteria is affected by soil tex-
　　　ture and extraction procedure[J].Soil biology and biochemistry,2003,35(2):217-
　　　224.

[112]　AMADOR J A,ATOYAN J A.Structure and composition of leachfield bacterial com-
　　　munities:role of soil texture,depth and septic tank effluent inputs[J].Water,2012,4
　　　(3):707-719.

［113］ 武亚男.秸秆还田不同腐解阶段细菌遗传多样性及其促腐效果研究［D］.雅安:四川农业大学,2016.

［114］ 马泊泊,黄瑞林,张娜,等.秸秆生物质炭对根际土壤细菌-真菌群落分子生态网络的影响［J］.土壤学报,2019,56(4):964-974.

［115］ 宋芳芳,任萍,徐建良,等.水稻秸秆在旱作土壤中的降解过程及降解菌剂施用效果［J］.中国土壤与肥料,2015(2):103-110.

［116］ 李国媛.秸秆腐熟菌剂的细菌种群分析及其腐熟过程的动态研究［D］.北京:中国农业科学院,2007.

［117］ 王广栋.秸秆还田方式对腐解特征及微生物群落功能多样性研究［D］.哈尔滨:东北农业大学,2018.

［118］ 荣国华.秸秆还田对土壤酶活性、微生物量及群落功能多样性的影响［D］.哈尔滨:东北农业大学,2018.

［119］ 胡杰,何晓红,李大平,等.鞘氨醇单胞菌研究进展［J］.应用与环境生物学报,2007(3):431-437.

［120］ 李涛,葛晓颖,何春娥,等.豆科秸秆、氮肥配施玉米秸秆还田对秸秆矿化和微生物功能多样性的影响［J］.农业环境科学学报,2016,35(12):2377-2384.

［121］ SHARMA S,RANGGER A,INSAM H.Effects of decomposing maize litter on community level physiological profiles of soil bacteria［J］.Microbial ecology,1998,35(3):301-310.

［122］ ABUJABHAH B S,DOYLE R,BOUND S A,et al.The effect of biochar loading rates on soil fertility,soil biomass,potential nitrification,and soil community metabolic profiles in three different soils［J］.Journal of soils and sediments,2016,16(9):2211-2222.

［123］ 李雨泽,胡迎春,宋端朴,等.地膜覆盖和秸秆还田对黄土高原土壤细菌群落结构的影响［A］.中国农学会耕作制度分会,2018.

第3章 石灰性灰色草甸土玉米秸秆还田效应分析

3.1 秸秆还田量对秸秆腐解的影响

我国北方低温持续时间较长，玉米秸秆还田后秸秆腐解速率较慢，腐解效果较差，影响该地区玉米秸秆还田技术的推广[1]。加快土壤中秸秆的腐解成为秸秆还田技术中的研究热点。众多学者研究发现，秸秆腐熟剂可以促进玉米秸秆快速降解，经过100天的分解，施用秸秆腐熟剂处理的玉米秸秆生物量失质量率达到64.1%[1]，玉米秸秆生物量有72.46%~76.09%被分解[2]；在寒地施用秸秆快腐剂180天后，玉米秸秆降解率达70%以上[3]。另外，施用腐熟剂也加快了小麦秸秆的腐解速度，而且腐熟剂施用90天后，土壤中全磷、速效磷及速效钾的含量均有不同程度的增加[4]。秸秆还田条件下，施用秸秆腐熟剂在短期内可减弱农田地力用与养的矛盾，提高土壤肥力[5-6]。但也有研究结果表明，施用秸秆腐熟剂对秸秆腐烂进度影响不大，与秸秆自然腐烂相比进度几乎无区别[7]。在黄土高原有灌溉条件的地区，玉米秸秆还田量为9000 kg/hm^2，能有效提高土壤肥力[8]。尼龙网袋埋土试验中，规格为35 cm×25 cm的尼龙网袋秸秆填埋量为26.23 g的玉米秸秆腐解最快，累积腐解率为64.15%，而玉米秸秆填埋量为8.74 g处理的腐解最慢[9]。30%的玉米秸秆覆盖还田能提高下茬大豆产量，60%和100%还田量下，大豆贪青晚熟，产量降低[10]。在黑龙江省佳木斯玉米和大豆隔年轮作连续5年免耕条件下，60%秸秆还田量较为适宜[11]。秸秆还田量不同，秸秆还田效果也不同。为此，设置不同秸秆填埋量条件下配施秸秆腐熟剂试验，探讨秸秆还田配施腐熟剂对秸秆降解及土壤养分和土壤酶活性的影响，明确配施秸秆腐熟剂的合适秸秆还田量，为秸秆还田推广应用提供理论依据。

3.1.1 材料和方法

3.1.1.1 试验材料

供试秸秆为玉米秸秆。土壤为连作玉米田土壤，为石灰性灰色草甸土，含有机质

17. 80 g/kg、碱解氮 40.56 mg/kg、有效磷 18.61 mg/kg、速效钾 152.35 mg/kg，pH 值为 7.5。腐熟剂为河南省沃宝生物科技有限公司生产的沃宝秸秆腐熟剂，其主要成分为对纤维素、木质素分解良好的芽孢杆菌、霉菌等有益菌株，有益菌含量不小于 $0.5×10^8$ cfu/g。

3.1.1.2　试验设计

室内秸秆填埋试验设置 6 个处理，每个处理重复 12 次。处理 1 为 400 g 土壤+10 g 秸秆+0.25 g 秸秆腐熟剂，处理 2 为 400 g 土壤+5 g 秸秆+0.25 g 秸秆腐熟剂，处理 3 为 400 g 土壤+2.5 g 秸秆+0.25 g 秸秆腐熟剂，处理 4 为 400 g 土壤+10 g 秸秆，处理 5 为 400 g 土壤+5 g 秸秆，处理 6 为 400 g 土壤+2.5 g 秸秆；加入适量水腐熟秸秆。

3.1.1.3　测定项目及方法

秸秆填埋后，每隔 7 天取样一次，每次取 3 个重复，共取 4 次，取样后自然状态下晾干，研磨土壤样品直至能够通过 1 mm 孔径筛子，将过筛土样装袋用于测定土壤理化性质。分别采用磷酸苯二钠比色法、容量法、靛酚比色法、3,5-二硝基水杨酸比色法测定土壤磷酸酶、过氧化氢酶、脲酶、蔗糖酶、纤维素酶活性；采用土壤湿度计和温度计测定土壤含水量和温度；测定第 4 次土壤养分含量。

3.1.1.4　数据统计及分析

采用 Excel 2003 和 DPS 15.10 软件进行数据处理。

3.1.2　结果与分析

3.1.2.1　秸秆腐熟剂对秸秆降解率的影响

由表 3-1 可知，秸秆填埋后 7~28 天，随着时间的推进，各处理秸秆降解率增加。其中，秸秆填埋后 7 天，处理 1 秸秆降解率最高，显著高于其他处理，处理 4 次之，处理 1 与处理 4 之间无显著差异；秸秆填埋后 14 天，处理 1 最高，处理 4 次之，两者差异不显著，但均极显著高于其他处理；秸秆填埋后 21 天，仍然是处理 1 最高，处理 4 次之，两者差异不显著，但均显著高于处理 3；秸秆填埋后 28 天，处理 1 显著高于其他处理。进一步分析发现，秸秆填埋后 7，14，21 天，无论是否施用秸秆腐熟剂，相同秸秆填埋量处理间秸秆降解率无显著差异；秸秆填埋后 28 天，秸秆填埋量较高的处理 1 显著大于其他处理，其他处理之间差异均不显著。综上，在秸秆腐熟过程中，当玉米秸秆填量高（处理 1）时添加秸秆腐熟剂效果较好，尤其是后期，效果显著。

表 3-1　秸秆腐熟剂对秸秆降解率（%）的影响

处理编号	秸秆填埋后时间/天			
	7	14	21	28
1	0.23（Aa）	0.31（Aa）	0.33（ABa）	0.65（Aa）
2	0.06（Bc）	0.14（Bb）	0.26（ABab）	0.42（Ab）

表3-1（续）

处理编号	秸秆填埋后时间/天			
	7	14	21	28
3	0.07（Bc）	0.16（Bb）	0.24（Bb）	0.38（Ab）
4	0.21（Aab）	0.26（Aa）	0.34（Aa）	0.37（Ab）
5	0.13（ABbc）	0.15（Bb）	0.28（ABabd）	0.33（Ab）
6	0.06（Bc）	0.17（Bb）	0.27（ABab）	0.30（Ab）

注：同列数据后不同大小写字母分别表示不同处理之间的差异显著（$P<0.05$）、极显著（$P<0.01$），下同。

3.1.2.2　秸秆腐熟剂对土壤理化性质的影响

（1）土壤含水量和温度

由表3-2可知，各处理土壤温度间无显著差异。随着秸秆填埋后时间的推进，土壤含水量降低；随着秸秆填埋量减少，土壤含水量降低。其中，秸秆填埋后7天，处理1土壤含水量最高，显著高于处理3，提高幅度为57.93%，与其他处理之间的差异均不显著；秸秆填埋后14天，处理1土壤含水量较高，显著高于处理3，与其他处理之间的差异不显著；秸秆填埋后21天，处理4土壤含水量最高，显著高于处理3，处理1土壤含水量较高，与其他处理无显著差异；秸秆填埋后28天，处理3土壤含水量最低，显著低于处理1、2、4、5，其他处理之间的差异不显著。进一步分析发现，秸秆填埋后7~28天，无论是否施用秸秆腐熟剂，相同秸秆填埋量处理间无显著差异，即施用腐熟剂对土壤含水量无显著影响。

表3-2　秸秆腐熟剂对土壤含水量（%）和温度的影响

处理编号	含水量				温度/℃
	7天	14天	21天	28天	
1	17.53（Aa）	14.63（Aa）	12.37（ABab）	7.20（ABa）	24.77（Aa）
2	15.03（ABab）	13.93（Aa）	12.47（ABab）	8.67（Aa）	24.13（Aa）
3	11.10（ABb）	5.50（Ab）	4.63（ABbc）	2.43（Bb）	23.77（Aa）
4	16.47（ABa）	15.30（Aa）	14.73（Aa）	7.53（ABa）	23.53（Aa）
5	14.83（ABab）	12.03（Aab）	10.63（ABabc）	7.50（ABa）	23.87（Aa）
6	13.30（ABab）	11.67（Aab）	7.67（ABabc）	5.50（ABab）	23.70（Aa）

（2）土壤酶活性

① 碱性磷酸酶活性。

由表3-3可知，随着秸秆填埋后时间的推移，各处理土壤碱性磷酸酶活性均在14天时达到峰值，随后下降。秸秆填埋后7~14天，土壤碱性磷酸酶活性表现为处理1>处理4>处理5>处理2>处理3>处理6。其中，秸秆填埋后7天，处理1土壤碱性磷酸酶活性极显著高于其他处理，处理2与处理5差异显著；秸秆填埋后14天，处理1土壤碱性磷酸酶活性与除处理 4 外的其他处理之间的差异均极显著，处理 4 与处理 5 之间的差异显著，无论是否施用腐熟剂，相同秸秆填埋量处理间无显著差异。秸秆填埋后 21~28 天，土壤碱性磷酸酶活性表现为处理 1>处理 4>处理 2>处理 5>处理 3>处理 6。其中，秸秆填埋后 21 天，处理 1 与其他处理间差异均极显著，其他处理间均无显著差异；秸秆填埋后 28 天，处理 1 与处理 3、处理 5、处理 6 间的差异均极显著，处理 4 与处理 6 间的差异显著。综上，秸秆填埋量高的处理的土壤碱性磷酸酶活性高于秸秆填埋量低的处理，施用秸秆腐熟剂处理土壤碱性磷酸酶活性高于未施用秸秆腐熟剂处理。

表 3-3　秸秆腐熟剂对土壤碱性磷酸酶活性的影响　　　单位：mg/（g·d）

处理编号	秸秆填埋后时间/天			
	7	14	21	28
1	7.15±0.56（Aa）	15.19±12.31（Aa）	12.48±0.39（Aa）	10.68±0.13（Aa）
2	1.01±0.52（CDc）	5.45±1.19（Cb）	4.50±0.24（Bb）	3.48±0.01（ABabc）
3	0.51±0.17（CDc）	0.66±0.07（Cb）	0.57±0.27（Bb）	0.52±0.22（Bc）
4	5.60±1.10（Bb）	10.77±2.30（ABa）	9.50±1.58（Bb）	8.99±1.23（ABab）
5	4.41±0.34（BCb）	7.22±4.48（BCb）	2.83±0.15（Bb）	2.16±0.82（Bbc）
6	0.16±0.06（Dc）	0.55±0.68（Cb）	0.48±0.27（Bb）	0.43±0.83（Bc）

② 过氧化氢酶活性。

由表 3-4 可知，秸秆填埋后 7 天，土壤过氧化氢酶活性表现为处理 5>处理 6>处理 1>处理 4>处理 2>处理 3，施用秸秆腐熟剂处理中，处理 1 极显著高于处理 3，提高幅度为 50.87%，与处理 2 无显著差异；秸秆填埋量相同处理中，处理 1 与处理 4 无显著差异，处理 2 与处理 5 间差异显著，处理 3 与处理 6 间差异极显著。秸秆填埋后 14 天，土壤过氧化氢酶活性表现为处理 3>处理 4>处理 5>处理 1>处理 6>处理 2，处理 2 与处理 1 和处理 6 无显著差异，与其他处理差异显著；未施用秸秆腐熟剂的处理间差异不显著。秸秆填埋后 21 天，土壤过氧化氢酶活性表现为处理 3>处理 2>处理 6>处理 1>处理 5>处理 4，施用秸秆腐熟剂的处理的土壤过氧化氢酶活性大于未施用秸秆腐熟剂处理，但只有处理 1 与处理 4 之间的差异极显著，其他处理间差异不显著；施用秸秆腐熟剂处理间无显著差异，未施用腐熟剂处理中处理 4 与处理 6 间的差异极显著。秸秆填埋后 28 天，各处理间土壤过氧化氢酶活性均无显著差异。腐熟秸秆过程中，总体上前期秸秆填埋量高的处理的土壤过氧化氢酶活性较高，后期较低。

表 3-4　秸秆腐熟剂对土壤过氧化氢酶活性的影响　　　单位：mL/g

处理编号	秸秆填埋后时间/天			
	7	14	21	28
1	6.05±0.35（Aab）	6.15±0.20（Aab）	5.98±0.53（Aa）	5.75±0.30（Aa）
2	5.72±0.43（Ab）	5.15±0.10（Ab）	6.20±0.05（Aa）	5.60±0.15（Aa）

表3-4(续)

处理编号	秸秆填埋后时间/天			
	7	14	21	28
3	4.01±0.46（Bc）	6.88±0.38（Aa）	6.28±0.18（Aa）	5.85±1.30（Aa）
4	5.78±0.28（Ab）	6.80±0.85（Aa）	4.15±0.15（Bb）	5.52±0.63（Aa）
5	6.88±0.18（Aa）	6.78±0.48（Aa）	5.15±1.00（ABab）	6.72±0.33（Aa）
6	6.75±0.10（Aa）	5.48±0.73（Aab）	6.00±0.15（Aa）	6.65±0.60（Aa）

③ 脲酶活性。

由表 3-5 可知，秸秆填埋后 7 天，土壤脲酶活性表现为处理 1>处理 5>处理 2>处理 3>处理 6>处理 4，处理 1 显著或极显著高于其他处理，其他处理间差异均不显著。秸秆填埋后 14 天，土壤脲酶活性表现为处理 2>处理 4>处理 1>处理 3>处理 6>处理 5，处理 3、处理 5、处理 6 之间的差异不显著，其他处理之间的差异均极显著；秸秆填埋后 21 天，土壤脲酶活性表现为处理 3>处理 1>处理 5>处理 4>处理 2>处理 6，处理 3、处理 1 与其他处理之间的差异均极显著，处理 2 与处理 6、处理 4 与处理 5 之间的差异均不显著；秸秆填埋后 28 天，土壤脲酶活性表现为处理 1>处理 2>处理 4>处理 3>处理 5>处理 6，处理 1 极显著高于除处理 2 外的其他处理，处理 2 显著或极显著高于其他处理。进一步分析发现，相同秸秆填埋量处理间，秸秆填埋后 7，21，28 天时处理 1 均极显著大于处理 4，秸秆填埋后 14~28 天时处理 2 与处理 5 间差异极显著，培养期间处理 3 与处理 6 间无显著差异。综上，在秸秆腐熟过程中，当玉米秸秆填埋量高时，添加秸秆腐熟剂更能促进土壤脲酶活性的提高。

表 3-5　秸秆腐熟剂对土壤脲酶活性的影响　　　　　单位：$\mu g/（g\cdot d）$

处理编号	秸秆填埋后时间/天			
	7	14	21	28
1	4.94±1.83（Aa）	1.58±0.03（Cc）	1.86±0.26（Bb）	4.42±0.18（Aa）
2	1.58±0.03（Bb）	5.84±0.31（Aa）	0.28±0.01（Dd）	3.95±0.12（ABa）
3	0.98±0.03（Bb）	1.01±0.01（Dd）	2.72±0.12（Aa）	0.80±0.17（Cc）
4	0.09±0.05（Bb）	3.81±0.01（Bb）	1.09±0.21（Cc）	3.00±0.68（Bb）
5	1.94±1.12（ABb）	0.17±0.01（Dd）	1.40±0.04（Cc）	0.75±0.05（Cc）
6	0.52±0.14（Bb）	0.39±0.37（Dd）	0.09±0.05（Dd）	0.47±0.14（Cc）

④ 蔗糖酶活性。

由表 3-6 可知，秸秆填埋后 7 天，土壤蔗糖酶活性表现为处理 2>处理 1>处理 4>处理 3>处理 5>处理 6，施用秸秆腐熟剂处理间、未施用秸秆腐熟剂处理间、相同秸秆填埋量处理间均无显著差异。秸秆填埋后 14 天，土壤蔗糖酶活性表现为处理 2>处理 5>处理 4>处理 1>处理 6>处理 3，施用秸秆腐熟剂处理间差异显著。其中，处理 2 极显著高于处理 1 和处理 3，提高幅度分别为 49.42% 和 115.34%；未施用秸秆腐熟剂处理中，处理 5 与处理 6 间差异显著，其他处理间均无显著差异。秸秆填埋后 21 天，土壤蔗糖酶活性表现为处理 2>处理 5>处理 4>处理 3>处理 1>处理 6，施用秸秆腐熟剂处理中，处理 2 极显著高于处理 1 和处理 3，提高幅度分别 94.33% 和 65.11%，处理 1 与处理 6 间无显著差异；未施用腐熟剂处理中，处理 5 极显著高于处理 6，提高幅度为 95.63%，其他处理间无显著差异。秸秆填埋后 28 天，土壤蔗糖酶活性表现为处理 4>处理 1>处理 5>处理 2>处理 3>处理 6，施用腐熟剂处理中，处理 3 显著低于处理 1 和处理 2，降低幅度分别为 35.68% 和 27.84%，处理 1 与处理 2 间无显著差异；未施用腐熟剂处理中，处理 4 显著高于处理 5，提高幅度为 25.67%，处理 4 和处理 5 极显著高于处理 6，提高幅度分别为 148.68% 和 97.88%。秸秆填埋后 7~28 天，相同秸秆填埋量处理间土壤蔗糖酶活性均无显著差异。处理 2、处理 3 和处理 5 土壤蔗糖酶活性均在秸秆填埋后 21 天达到峰值，而此时处理 1 土壤蔗糖酶活性达到低谷；处理 1 和处理 4 土壤蔗糖酶活性在秸秆填埋后 28 天最大，并随秸秆填埋后时间延长具有升高趋势；处理 6 土壤蔗糖酶活性的峰值出现在秸秆填埋后 14 天。

表 3-6　秸秆腐熟剂对土壤蔗糖酶活性的影响　　　　单位：mg/（g·d）

处理编号	秸秆填埋后时间/天			
	7	14	21	28
1	7.68±0.31（ABa）	6.86±0.52（BCbc）	5.82±0.40（Cc）	8.38±0.68（Aab）
2	8.48±0.04（Aa）	10.25±0.85（Aa）	11.31±3.43（Aa）	7.47±1.09（ABb）
3	6.51±1.91（ABab）	4.76±1.34（Cd）	6.85±0.16（BCc）	5.39±0.71（BCc）
4	6.79±0.09（ABab）	7.67±0.03（Bbc）	7.47±1.12（ABCbc）	9.40±0.62（Aa）
5	6.34±1.31（ABab）	8.53±1.38（ABab）	10.74±1.94（ABab）	7.48±0.87（ABb）
6	4.51±0.02（Bb）	6.20±0.10（BCcd）	5.49±1.04（Cc）	3.78±0.06（Cc）

⑤ 纤维素酶活性。

由表 3-7 可知，秸秆填埋后 7 天，土壤纤维素酶活性表现为处理 1>处理 3>处理 2>处理 4>处理 5>处理 6，未施用秸秆腐熟剂处理间无显著差异；处理 2 与处理 5 间无显著差异，处理 1 极显著高于处理 4，处理 3 极显著高于处理 6。秸秆填埋后 14 天，土壤纤维素酶活性表现为处理 1>处理 3>处理 5>处理 4>处理 2>处理 6，未施用秸秆腐熟剂中，处理 4 与处理 5 间无显著差异，两者极显著高于处理 6；相同秸秆填埋量条件下，施用秸秆腐熟剂处理均极显著高于未施用秸秆腐熟剂处理。秸秆填埋后 21 天，土壤纤维素酶活性表现为处理 2>处理 1>处理 5>处理 3>处理 4>处理 6，除处理 3 与处理 4 之间差异不显著外，其余处理间差异均显著；在相同秸秆填埋量条件下，施用秸秆腐熟剂处理均极显著高于未施用秸秆腐熟剂处理。秸秆填埋后 28 天，土壤纤维素酶活性表现为处理 1>处理 2>处理 3>处理 4>处理 6>处理 5，除处理 3、处理 4、处理 6 之间差异不显著外，其余处理间差异均极显著；在相同秸秆填埋量条件下，除了处理 3 与处理 4 间无显著差异外，其余施用秸秆腐熟剂处理均极显著高于未施用秸秆腐熟剂处理。综上，在秸秆腐熟过程中，当玉米秸秆填埋量高时，更能促进土壤纤维素酶活性的提高。

表 3-7　秸秆腐熟剂对土壤纤维素酶活性的影响　　　单位：mg/（g·d）

处理编号	秸秆填埋后时间/天			
	7	14	21	28
1	82.67±5.20（Aa）	115.88±21.12（Aa）	74.57±0.63（Bb）	100.55±8.25（Aa）
2	30.90±4.31（BCc）	59.19±5.05（Dd）	88.10±8.25（Aa）	82.11±18.12（Bb）
3	40.55±6.04（Bb）	82.57±5.31（Bb）	30.68±10.24（DdV）	53.50±8.88（Cc）
4	29.03±2.40（Ccd）	73.08±4.26（Cc）	27.23±3.99（Dd）	49.04±9.56（Cc）
5	25.74±17.96（Ccd）	73.46±8.67（Cc）	59.58±6.93（Cc）	19.38±12.61（Dd）
6	21.17±17.16（Cd）	44.94±15.76（Ee）	17.56±0.84（Ee）	44.38±10.19（Cc）

（3）土壤养分含量

由表 3-8 可知，秸秆填埋于土壤极显著增加了土壤速效钾含量，增幅为 13.95%～41.05%，处理 2 最高，其次为处理 1。与不施秸秆腐熟剂处理相比，施用秸秆腐熟剂显著增加秸秆填埋量高和中等处理的土壤速效钾含量，分别较不施秸秆腐熟剂处理增加 14.57% 和 20.99%；无论是否施用秸秆腐熟剂，秸秆填埋于土壤均对土壤碱解氮、速效磷、有机质含量无显著影响。

表 3-8　秸秆腐熟剂对土壤养分含量的影响

处理编号	碱解氮/（mg·kg^{-1}）	速效磷/（mg·kg^{-1}）	速效钾/（mg·kg^{-1}）	有机质/（g·kg^{-1}）
1	41.95（Aa）	21.06（Aa）	213.56（Aa）	18.85（Aa）
2	42.30（Aa）	20.45（Aa）	214.89（Aa）	17.46（Aa）
3	40.46（Aa）	20.38（Aa）	198.91（Aa）	19.06（Aa）
4	38.21（Aa）	22.28（Aa）	202.91（Aa）	18.96（Aa）
5	42.90（Aa）	18.88（Aa）	177.61（Ab）	17.44（Aa）
6	33.37（Aa）	18.82（Aa）	173.61（Ab）	17.90（Aa）
原始土壤	40.56（Aa）	18.61（Aa）	152.35（Bb）	17.80（Aa）

3.1.3　结论与讨论

微生物分泌的酶参与土壤中有机物质碳、氮和磷的代谢，其活性可用来研究微生物的养分循环，微生物对环境变化的响应和养分转化[12]。土壤酶活性表征土壤速效养分含量[13-14]。本研究中施用秸秆腐熟剂处理土壤酶活性总体上高于未施用秸秆腐熟剂处理，这与刘丹丹等[15]的研究结果一致。Zhao 等[16]研究发现，高量秸秆还田改变微生物群落结构，提高大多数水解酶活性，而低的秸秆还田量对土壤酶活性没有影响。本研究中秸秆腐熟剂在秸秆填埋量低的情况下效果也不显著。土壤酶改变土壤养分有效性[15]，本研究中施用腐熟剂显著增加秸秆填埋量高和中等处理的土壤速效钾含量，但对其他土壤养分含量无显著影响。而于建光等[4]通过盆钵模拟培养试验发现，小麦秸秆还田条件下，施用腐熟剂 90 天后，土壤中全磷、速效磷及速效钾的含量均有不同程度的增加，说明秸秆释放养分需要较长的腐熟时间。

增温和干旱对土壤酶活性的影响是因对土壤温度和土壤含水量的影响造成的，而不是因对土壤有机质数量和营养品质的影响造成的[17]。本试验是室内模拟试验，处理间温度无差异，秸秆填埋量高的处理土壤含水量大于秸秆填埋量低的处理，这可能是秸秆填埋量高处理土壤酶活性高的主要原因。施用秸秆腐熟剂+秸秆填埋量高的处理提高了玉米秸秆降解率、土壤酶活性及土壤速效钾含量，值得推广。

3.2 秸秆腐熟剂对玉米秸秆还田效应的影响

冷凉地区因冬春季温度低，秸秆腐熟慢，会影响翌年的播种，未腐熟秸秆带有的病菌和虫卵会影响下茬作物。秋季秸秆还田秸秆含水量大，腐烂时间长，配施腐熟剂加快秸秆腐熟的速度，秸秆秋季还田避免秸秆腐熟期与作物生长期同时造成的争水、争养分矛盾。本研究探讨了玉米秸秆全量还田条件下腐熟剂不同时期的配施对玉米产量的影响，旨在为冷凉地区秸秆还田提供理论依据。

3.2.1 材料与方法

3.2.1.1 试验区自然概况

试验于 2018 年、2019 年在西辽河平原中部的通辽市开鲁县蔡家堡村玉米秸秆还田定位试验田（43°35′ N、121°09′ E，海拔高度为 178 m）进行，试验区为温带大陆性季风气候，光热资源充足且雨热同期，年均气温 6.8 ℃，平均无霜冻期为 150 天，年均降水量为 399 mm；土壤质地为中壤土、砂壤土，播前土壤养分状况见表 3-9。两种质地土壤试验田相距 5 km，气候类型一致。

表 3-9　试验地耕层土壤养分含量

年份	土壤质地	有机质/ （g·kg⁻¹）	碱解氮/ （mg·kg⁻¹）	速效磷/ （mg·kg⁻¹）	速效钾/ （mg·kg⁻¹）
2018	中壤土	15.92	53.27	10.23	97.61
	砂壤土	15.34	51.88	8.87	101.21

3.2.1.2 试验设计与田间管理

选择当地主要质地土壤类型中壤土（ZR）和砂壤土（SR），秋季进行玉米秸秆还田，分别在春季和秋季配施中农绿康秸秆型有机物料腐熟剂（ZN）试验，并以秸秆还田不施腐熟剂为对照（CK），小区面积 72 m²，3 次重复。中农绿康腐熟剂含纤维素分解菌、益生菌、芽孢杆菌、绿色木霉和酵母菌等高效菌株，有效活菌数大于等于 8.0×10^7 cfu/g。秋季玉米秸秆机械粉碎，均匀撒于田间，分别在春季旋耕时和秋季旋耕秸秆还田时将相应的秸秆腐熟剂与锯末按 1：5 拌匀，均匀撒施于秸秆表面，秸秆还田深度为 15 cm；腐熟剂用量为 30 kg/hm^2，秸秆腐熟剂价格为 20 元/千克。2017 年玉米品种为泽玉 709，2018 年玉米品种为信玉 168，等行种植（50 cm），密度为 7.5 万株/公顷^2，底施磷酸二铵（P$_2$O$_5$ 46%）195 kg/hm^2，硫酸钾（K$_2$O 50%）90 kg/hm^2，追施尿素（N 46%）525 kg/hm^2，分别在拔节期、大喇叭口期、吐丝期按 3：6：1 比例追施；灌溉方式采用大水漫灌，生育期间共灌水 4 次。

3.2.1.3 测定项目与方法

各小区测产面积为 56 m^2，测鲜粒重和含水率，折算成含水量为 14% 的产量，并记录有效穗数，分别取 10 穗风干后考种。

3.2.2 结果与分析

从表 3-10 可知，2018 年中壤土和砂壤土中，秸秆腐熟剂秋季和春季施用处理间玉米产量无差异；2019 年，中壤土秸秆还田春季配施腐熟剂玉米产量显著高于秋季配施腐熟剂和秸秆不还田处理；砂壤土秋季配施腐熟剂玉米产量显著高于春季配施腐熟剂和秸秆不还田处理。

表 3-10 秸秆腐熟剂施用时期的增产效应

年份	土壤质地	处理	有效穗数/ （穗·公顷$^{-2}$）	穗粒数/ 粒	千粒重 /g	实测产量/ （t·hm^{-2}）
2018	中壤土	秋季 ZN	49498.99（a）	602.46（a）	364.01（a）	10.33（a）
		春季 ZN	47828.14（a）	593.42（a）	364.07（a）	10.19（a）
		CK	45113.01（a）	586.15（a）	373.91（a）	9.40（a）
	砂壤土	秋季 ZN	48872.42（a）	566.97（a）	375.23（a）	10.00（a）
		春季 ZN	50125.56（a）	592.20（a）	375.27（a）	9.98（a）
		CK	45113.01（a）	606.55（a）	358.35（a）	9.51（a）
2019	中壤土	秋季 ZN	67722.60（b）	556.99（a）	363.80（a）	13.40（b）
		春季 ZN	73737.75（a）	558.84（a）	369.00（a）	14.43（a）
		CK	70058.10（a）	549.85（a）	353.69（b）	13.95（b）
	砂壤土	秋季 ZN	72727.65（a）	598.97（a）	373.30（a）	13.87（a）
		春季 ZN	64394.25（b）	580.07（a）	370.35（a）	13.00（b）
		CK	67929.60（b）	594.03（a）	370.73（a）	12.95（b）

3.2.3 讨论

由于黏粒与有机质的黏结能力比砂壤土强，中壤土具有比砂壤土更高的养分和水分保持能力；可溶性有机氮在中壤土中显著高于砂壤土，而芳香性官能团含量显著低于砂壤土；前人的研究中，细菌和真菌数量的分布是中壤土大于砂壤土，放线菌数量的分布是砂壤土大于中壤土，还田玉米秸秆分解 10 个月后，壤土放线菌含量显著高于砂土；环丙基脂肪酸/一般饱和脂肪酸比值中壤土显著高于砂壤土，分解秸秆微生物在中壤土所受环境压迫高于砂壤土，说明不同质地土壤特性及微生物群落结构不同，不同质地土壤中腐熟剂菌群定殖能力存在差异，从而对产量有不同的影响。

3.3 秸秆还田方式对玉米秸秆还田效应的影响

3.3.1 西辽河平原区免耕秸秆还田方式对土壤微生物群落组成的影响

为揭示干旱半干旱西辽河平原区不同免耕秸秆还田方式对土壤微生物类群分布特征的影响，针对当地农田耕层存在的土壤质量问题，设置浅旋秸秆不还田农户模式（CK）、免耕秸秆秋覆还田（MG）、免耕秸秆秋覆春二次粉碎还田（ME）、免耕秸秆秋覆春配施秸秆腐熟剂还田（MF）、免耕秸秆秋覆春二次粉碎配施秸秆腐熟剂还田（EF）5 个处理，用田间小区试验的方法，研究免耕和不同秸秆还田方式对土壤微生物群落组成的影响。结果表明，0~15 cm 土层中 4 种免耕秸秆还田方式降低细菌操作分类单元数；15~30 cm 土层中 MF 和 EF 细菌操作分类单元数较高，MF 中增加节杆菌属（Arthrobacter）、芽单胞菌属（Gemmatimonas）和鞘氨醇单胞菌相对丰度，EF 中增加 Haliangium、溶杆菌属、Subgroup_10、Alistipes 和拟杆菌属（Bacteroides）相对丰度；30~45 cm 土层中 4 种秸秆还田方式均增加细菌操作分类单元数，增加了节杆菌属、拟杆菌属、Gaiella、硝化螺旋菌属（Nitrospira）相对丰度，但减少了 Alistipes、Escherichia-shigella 相对丰度；4 种免耕秸秆还田方式降低 0~15 cm 土层真菌操作分类单元数，但增加 15~45 cm 土层真菌操作分类单元数；4 种免耕秸秆还田方式降低了外瓶霉属（Exophiala）和被孢霉属（Mortierella）相对丰度，秸秆还田中新出现丝状真菌柄孢霉（Podospora）、角菌根菌属（Ceratobasidium）、Archaeorhizomyces，配施秸秆腐熟剂的 2 个处理新出现了粉褶蕈属（Entoloma），并增加了裂壳菌属（Schizothecium）的相对丰度。试验区能对生长环境产生较大影响的细菌比真菌多。供试样品中相对丰度较高的细菌有放线菌门（Actinobacteria）、uncultured_organism 和 Gaiella、变形菌门（Proteobacteria）、Polycyclovorans 和 Proteobacteria、Altererythrobacter、芽单胞菌门（Gemmatimonadetes）、uncultured_bacterium；真菌有子囊菌门（Ascomycota）、柄孢壳菌（Podospora）、Calicium 和 Nectria、提子菌门（Basidiomycota）、Entoloma 和锥盖伞属（Conocybe）、接合菌门（Zygomycota）、未分类类群。但是，各组别中对生长环境产生较大影响的微生物不同；从细菌多样性看，免耕秸秆秋覆春配施秸秆腐熟剂还田后增加了产黄菌属（Flavobacterium）、Ruminococcus_gnavus_group、Methylophilaceae 相对丰度，ME 和 EF 对产黄菌属和 Methylophilaceae 相对丰度增加幅度较大；从真菌多样性看，CK 中 Mrakia 和 Myceliophthora 物种相对丰度较高，MF 中 Peristomialis 和 Powellomyces 物种相对丰度较高，EF 中 Cercophora 和 Scytalidium 物种相对丰度较高。免耕秸秆秋覆春二次粉碎还田及其施用腐熟剂措施可增加降解纤维素功能菌及菌根真菌多样性及相对丰度，对于西辽河平原雨养区春玉米田土壤微生物多样性、丰富度的提升具有积极作用，并增加了玉米千粒重。

　　秸秆还田可通过微生物的作用转化为土壤有效资源，秸秆还田促进微生物对土壤有机碳的周转和积累，土壤微生物多样性能够敏感地反映土壤生态环境的变化。中国干旱半干旱地区土壤有机质含量和作物生产力普遍较低，对气候变化高度敏感。加强农艺管理可以抵消气候变化对土壤有机质可能产生的不利影响[18]。免耕和覆盖被广泛认为是可以最大限度地减少对农业生态系统的干扰并调节旱地农业水循环的做法[19]。免耕被广泛采用，旨在改善土壤物理条件、碳（C）固存及在不影响作物产量的情况下减少温室气体排放[20]。在免耕系统中使用覆盖作物可以改变土壤化学性质和作物产量[21]。免耕制度和覆盖种植可以改善土壤有机碳（SOC），从而增强土壤健康和可持续性[22]。总的来说，在英国，当土壤剖面为 60 cm 时，采用浅层少耕和免耕措施增加土壤碳储量的效益有限[23]。在气候不稳定、高温和缺水的环境中，尤其是在沙质土壤中，农业生产面临着挑战。在这些条件下，使用免耕和覆盖作物可以提高种植系统的可持续性[24]。免耕与土壤表面覆盖相结合可有效减少径流及水土流失造成的土壤和养分损失[25]。由于覆盖和免耕，土壤压实度增加[26]，渗透量减少[27]。有机覆盖和免耕改善了葡萄树的水分状况[27]。土壤团聚体稳定性主要与管理变量有关，种植强度指数最能反映土壤团聚体稳定性；更密集的农业管理提高了土壤团聚体的稳定性[28]。长期免耕秸秆还田增加了大团聚体的比例和大团聚体中的土壤碳浓度，长期免耕秸秆还田提供的物理保护有利于中国北方半干旱地区玉米连作系统中的土壤碳固存[29]。免耕秸秆覆盖措施促进了梯田土壤微生物活性，增加土壤微生物数量[30]；半干旱雨养农业区免耕秸秆覆盖主要增加黄绵土表土层微生物量[31]，显著增加耕层固氮菌、氨化细菌、纤维素分解菌等土壤生理类群数量[31-32]；免耕秸秆覆盖显著提高了稻-麦轮作土壤微生物总磷脂脂肪酸（PLFA）和细菌 PLFA 丰度，对真菌 PLFA 和放线菌 PLFA 无影响[33]；而在草甸轻壤褐土有灌溉条件下秸秆覆盖免耕能提高土壤细菌的活性，提高土壤真菌的生物量，但真菌活性相对稳定[34]；免耕覆盖显著增加了黄土高原旱地麦田土壤原核微生物群落的多样性，但未显著改变原核微生物群落的丰度[35]。目前，免耕技术的研究主要集中在土壤理化性质、土壤固碳、产量稳定性和气候适应性等方面。由于区域水热条件和免耕年限的不同，免耕土壤微生物的研究结果也不同。本研究探讨了西辽河雨养区免耕秸秆还田土壤微生物多样性，比较了免耕不同秸秆还田方式的微生物差异，为免耕秸秆还田实践提供依据。

3.3.1.1 材料与方法

（1）试验区自然概况

2019 年和 2020 年试验在通辽市科尔沁现代农业科技园区进行，平均海拔高度 167 m，温带大陆性季风气候，年平均气温 7.1 ℃，无霜期 149 天。试验地 0~20 cm 耕层有机质含量 12.02 g/kg，速效氮含量 51.71 mg/kg，速效钾含量 113.19 mg/kg，速效磷含量 27.4 mg/kg，0~20 cm 土壤平均容重为 1.58 g/cm³，土壤为灰色草甸壤土。2019 年、2020 年春玉米生育期内月降水量见图 3-1。

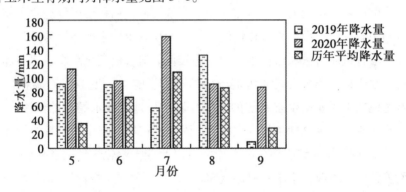

图 3-1　玉米生育期内月降水量

注：历年平均降水量为 1960—2020 年的平均降水量。

（2）试验设计及试验材料

采用大区对比试验方法，针对生产中还田秸秆粉碎程度差的问题，连续 2 年定点设置浅旋秸秆不还田农户模式（CK）、免耕秸秆秋覆还田（MG）、免耕秸秆秋覆春配施秸秆腐熟剂还田（MF）、免耕秸秆秋覆春二次粉碎还田（ME）、免耕秸秆秋覆春二次粉碎配施秸秆腐熟剂还田（EF）5 个处理，每个处理面积为 4 m×450 m（如表 3-11 所示）。田间排列为 CK、MG、MF、ME、EF。中农绿康腐熟剂（中农绿康生物技术有限公司）含纤维素分解菌、益生菌、芽孢杆菌、绿色木霉和酵母菌等高效菌株，有效活菌数 ≥8.0×10⁷ cfu/g。

表 3-11　试验设计与方法

编号	处理	耕作方式
CK	浅旋秸秆不还田农户模式	秋收秸秆移出田块—翌年春季旋耕整地—施肥、播种—中耕、除草—追施氮肥—虫害防控—立秆直收籽粒
MG	免耕秸秆秋覆还田	适时机收—秸秆覆盖过冬—免耕施肥、播种—中耕、除草—追施氮肥—虫害防控—立秆直收籽粒

表3-11(续)

编号	处理	耕作方式
MF	免耕秸秆秋覆春配施秸秆腐熟剂还田	适时机收—秸秆覆盖过冬—春季配施秸秆腐熟剂—免耕施肥、播种—中耕、除草—追施氮肥—虫害防控—立秆直收籽粒
ME	免耕秸秆秋覆春二次粉碎还田	适时机收—秸秆覆盖过冬—春季秸秆二次粉碎，秸秆长度≤10cm，且要求均匀抛撒在地表—免耕施肥、播种—中耕、除草—追施氮肥—虫害防控—立秆直收籽粒
EF	免耕秸秆秋覆春二次粉碎配施秸秆腐熟剂还田	适时机收—秸秆覆盖过冬—春季秸秆二次粉碎配施腐熟剂，秸秆长度≤10cm，且要求均匀抛撒在地表—免耕施肥、播种—中耕、除草—追施氮肥—虫害防控—立秆直收籽粒

（3）试验过程与田间管理

玉米秸秆年均还田量为9000 kg/hm^2（约为1 hm^{2}旱地玉米的秸秆量），中农绿康秸秆腐熟剂用量均为30 kg/hm^2，春季秸秆腐熟剂先与湿度50%左右的锯末（用手握拳不滴水，松开后散开）按1∶5拌匀，再均匀撒施于秸秆表面；各处理均撒施尿素150 kg/hm^{2}于秸秆表面。田间操作流程见表3-11。5月1日播种，10月1日收获。玉米品种为农化101，种植密度75000株/公顷^2，底施磷酸二铵（18-46-0）270 kg/hm^2，硫酸钾（0-0-50）90 kg/hm^2。追施尿素450 kg/hm^2，分别在拔节期、大口期、吐丝期按照3∶6∶1比例施用。

（4）样品采集、测定项目及方法

玉米吐丝期，采用S形15点取样法，采集0~15 cm、15~30 cm、30~45 cm 3个土层的土壤样品，各处理样品分组和编号如表3-12所示。每一土样取样量约100 g，装入已灭菌的自封袋中置冰盒带入实验室进行土壤总DNA提取。

表3-12 每个处理样本的分组和编号

土层深度	CK	MG	MF	ME	EF
0~15 cm	CK1	MG1	MF1	ME1	EF1
15~30 cm	CK2	MG2	MF2	ME2	EF2
30~45 cm	CK3	MG3	MF3	ME3	EF3

土壤总DNA提取与第2章2.4节相同，对16S r DNA高变区V3+V4区和真菌ITS1区进行测序，对原始数据进行拼接，将拼接得到的序列进行质量过滤，并去除嵌合体，得到高质量的Tags序列。

试验第2年玉米收获时各小区测产面积60 m^2，调查样方内有效穗数，并取样人工脱粒测定子粒含水率，折算出14%含水率下的产量；取样10穗，调查穗粒数，测定千粒重。

（5）数据处理

与第2章2.4节相同。

3.3.1.2 结果与分析

（1）不同处理对土壤细菌和真菌操作分类单元数的影响

从图3-2可知，随着土层的加深，CK、MG和MF组细菌操作分类单元（OTU）数有降低的趋势，而ME和EF组中15~30 cm的较高，EF2 OTU数最多。与CK比，免耕不同秸秆还田方式均能提高深层土壤（30~45 cm）细菌OTU数量。除了秸秆还田0~15 cm土层外，其余处理真菌OTU数均大于CK，其中，EF2和MF2提高幅度较大。除MG30~45 cm土层真菌OTU数比0~30 cm多外，其余秸秆还田处理真菌OTU数大小依次为15~30 cm大于30~45 cm的真菌OTU数，大于0~15 cm的真菌OTU数；同一土层不同处理OTU数为CK1>MF1>EF1>ME1>MG1，EF2>MF2>ME2>MG2>CK2，MG3>MF3=EF3>ME3>CK3；免耕秸秆还田处理均提高了15~45 cm真菌OTU数，降低了0~15 cm真菌OTU数。

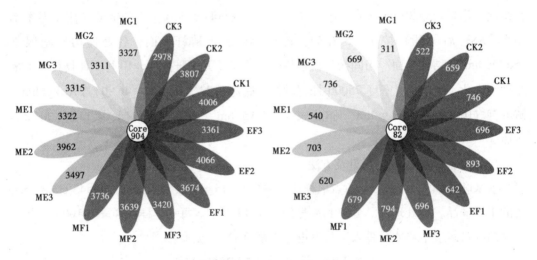

图3-2 不同处理土壤中细菌（左）和真菌（右）OTU数

（2）不同处理土壤细菌和真菌分布分析

从图3-3可知，与CK比，除了ME1外，其余处理均降低0~45 cm土层变形菌门的相对丰度，增加了拟杆菌门、放线菌门和厚壁菌门相对丰度。随着土层的下移，MG变形菌门（Proteobacteria）的相对丰度呈先上升后下降趋势，其余组中均为下降趋势；除CK和ME外，其余处理三个土层中的拟杆菌门（Bacteroidetes）相对丰度较均匀；ME和MF三个土层中的放线菌门（Actinobacteria）相对丰度较均匀，其余处理30~45 cm土层的丰度比上部土层的高；施加秸秆腐熟剂的MF和EF芽单胞菌门（Gemmatimona-detes）、厚壁菌门（Firmicutes）和酸杆菌门相对丰度0~45 cm土层中较为均匀；MG3、MF3和EF3增加了硝化螺旋菌门（Nitrospir）相对丰度。

与CK相比，MG1和MF1中变形菌纲（Gammaproteobacteria）相对丰度降低，秸秆还田处理0~30 cm土层中拟杆菌纲（Bacteroidia）相对丰度较高，MG 0~30 cm土层α-变形菌纲（Alphaproteobacteria）相对丰度降低，MG2、MG3、ME2增加芽单胞菌纲

（Gemmatimonadetes）相对丰度，秸秆还田处理增加放线菌纲（Actinobacteria）相对丰度；30~45 cm 土层中除了处理 ME，其余秸秆还田处理降低梭菌纲（Clostridia）相对丰度；MG1、MF2、EF2 增加梭菌纲相对丰度。MG2 中嗜热油菌纲（Thermoleophilia）相对丰度增加。随着土层的增加，嗜热油菌纲相对丰度增加。各处理相同土层中 δ-变形菌纲（Deltaproteobacteria）、酸微菌纲（Acidimicrobiia）相对丰度相当。4 种免耕秸秆还田方式对 δ-变形菌纲、酸微菌纲相对丰度影响不明显。

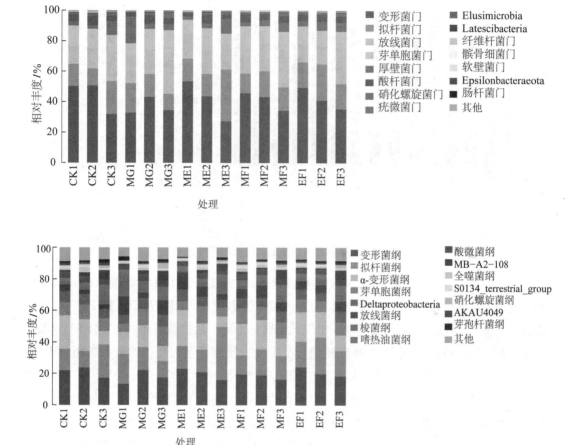

图 3-3　土壤细菌门和纲水平上的分类组成及分布

从图 3-4 可知，30~45 cm 土层中拟杆菌属、*Alistipes*、硝化螺旋菌属、*Gaiella*、Escherichia-Shigella 为优势菌属，与 CK3 相比，4 种免耕秸秆还田方式降低 *Alistipes* 和 Escherichia-Shigella 的相对丰度，而 ME3 增加节杆菌属、拟杆菌属相对丰度，MF3 增加 *Gaiella* 相对丰度，MG3 增加节杆菌属和硝化螺菌属相对丰度，EF3 增加节杆菌属相对丰度；除了 MG1 外，0~30 cm 土层中 MND1、Subgroup_10、Ellin6067、*Dongia*、芽单胞菌属（*Gemmatimonas*）、溶杆菌属、*Haliangium*、鞘氨醇单胞菌、不动杆菌属（*Acidibacter*）为优势菌属；MG1 和 EF2 中出现拟杆菌属、*Alistipes*，其中，MG1 相对丰度较高；ME1、MF1 和 MF2 中出现节杆菌属，EF2 中出现拟杆菌属；ME1 增加 Ellin6067、芽单胞菌属、溶杆菌属和假平胞菌属相对丰度；MG2 降低 Ellin6067 和 *Dong-ia*，增加 *Gaiella*、MND1、Subgroup_10；MF1 增加 Subgroup_10、芽单胞菌属、*Gaiella*、Ellin6067、*Dongia*、节杆菌属；MF2 中增加节杆菌属、芽单胞菌属和假平胞菌属；EF2 中增加 *Haliangium*、溶杆菌属、Subgroup_10、*Alistipes* 和拟杆菌属；ME2 中假平胞菌属、溶杆菌属、Subgroup_10 和 MND1；EF1 中溶杆菌属、*Dongia*、Ellin6067 和 Subgroup_10。

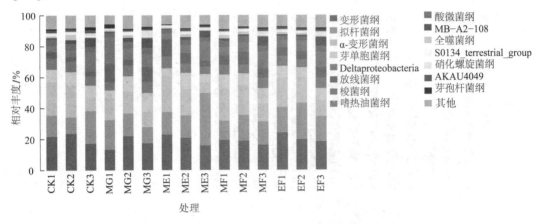

图 3-4　土壤细菌属水平上的分类组成及分布

从图 3-5 可知，与 CK 相比，4 种免耕秸秆还田方式降低了外瓶霉属（*Exophiala*）和被孢霉属（*Mortierella*）相对丰度；*Conocybe* 仅出现在 CK1、ME1、EF1 中，并且 CK1 中相对丰度较高，其余处理中未出现此菌属；不同土层中菌属相对丰度不同，CK、MG 和 ME 15~30 cm 土层中外瓶霉属相对丰度较表层和深层的高；外瓶霉属相对丰度随着土层的加深在 MF 中逐渐增加，而在 EF 中则相反。

4 种免耕秸秆还田方式中出现 CK 中未有的菌属，丝状真菌柄孢霉（*Podospora*）在 MG3、ME1、ME3 和 EF2 中出现，并且 ME1 中相对丰度最高，其次为 MG3；4 种免耕秸秆还田方式 15~45 cm 土层出现角菌根菌属（*Ceratobasidium*），其中，MG2 和 MG3 中相对丰度较高；EF3、ME3、MG3、MG2 出现了 *Archaeorhizomyces*。有的菌属出现在个别处理中，*Calyptella* 出现在 MG2，粉褶蕈属（*Entoloma*）出现在 MF2 和 MF3。ME2 显著增加 *Uncobasidium* 的相对丰度，EF3 增加裂壳菌属（*Schizothecium*）的相对丰度。有的菌属在不同处理中相对丰度相当，如久浩酵母菌属（*Guehomyces*）；*Didymella* 出现在 CK1、MF2、EF2 中相对丰度相当；除了 CK1 外，毛壳菌属（*Chaetomium*）出现在 15~45 cm 土层中，各处理间相对丰度相当；各处理中，只有 MF2 处理增加了镰刀菌属（*Fusarium*）相对丰度。

从图 3-6 可知，同一土层土壤样品含有相似的真菌群落，30~45 cm 土层中裂壳属、毛壳菌属、被孢霉属、*Archaeorhizomyces* 相对丰度较高，15~30 cm 土层中外瓶霉属、Uncobasidium、帽形菌属、角菌根菌属、久浩酵母菌属、*Didymella* 相对丰度较高；但各

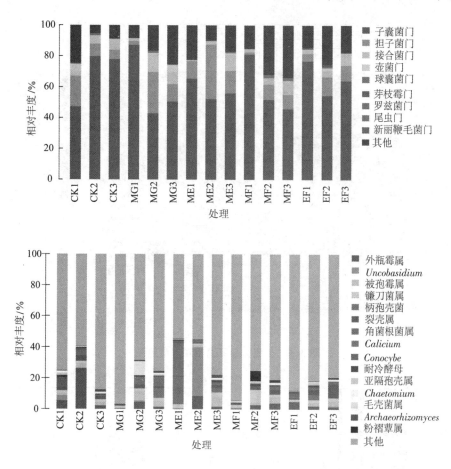

图 3-5　土壤真菌门和属水平上的分类组成及分布

处理中相对丰度不同，EF3 中裂壳属相对丰度最大，MG3 中角菌根菌属相对丰度最大，ME3 中被孢霉属、*Archaeorhizomyces* 相对丰度较大；CK3 中 *Archaeorhizomyces* 相对丰度最大。与 CK 比，4 种免耕秸秆还田方式对 0~15 cm 土层真菌的影响较大，优势真菌群落不同，聚类图中 EF1、MG1、MF1 离 CK1 较远，ME1 较近，CK1 中毛壳菌属、*Conocybe* 相对丰度大，EF1 中 *Conocybe*，ME1 中丝状真菌柄孢霉、*Calicium* 相对丰度大。

（3）不同处理差异物种分析

从相对丰度直方图 3-7 可知，4 种秸秆还田方式降低土壤 *Ignavibacteria*、*Leptospirae* 相对丰度，MF 与 CK 和 MG 比增加产黄菌属、Ruminococcus_gnavus_group、*Methylophilaceae* 相对丰度；ME 和 EF 均增加产黄菌属和 Methylophilaceae 相对丰度，EF 又增加藤黄色杆菌属（*Luteibacter*）、螺旋体科（*Spirochaetiae*）、Ruminococcus_gnavus_group 相对丰度；MF 与其他处理相比增加了 *Actinobacteriales*，与 CK、MG 和 ME 相比增加了 Ruminococcus_gnavus_group 相对丰度。

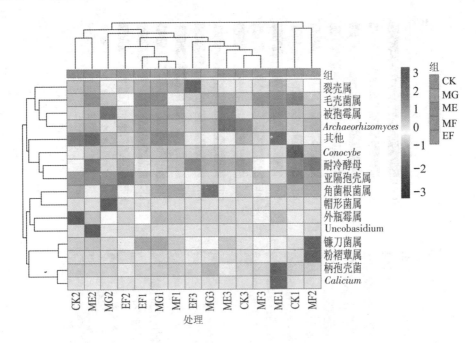

图 3-6　土壤样品真菌相对丰度热图

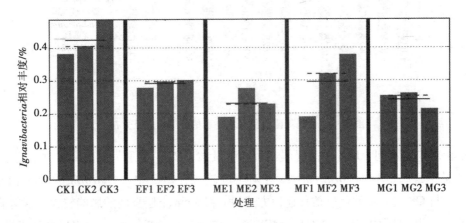

（a）

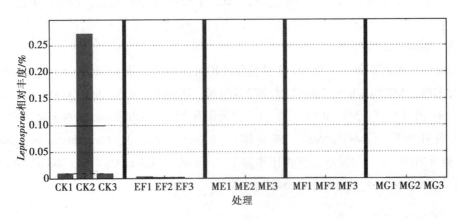

（b）

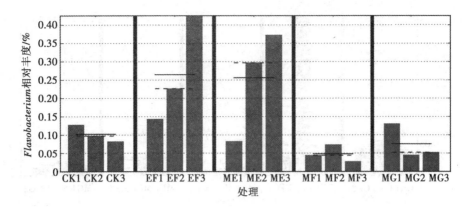

（c）

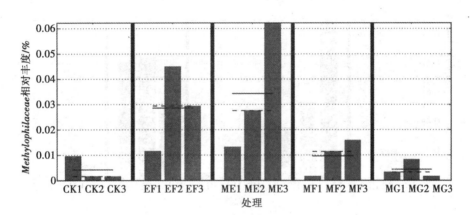

（d）

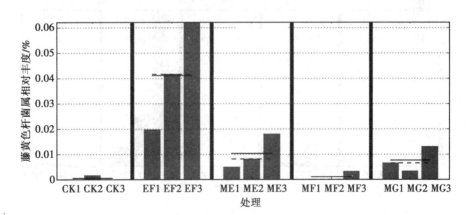

（e）

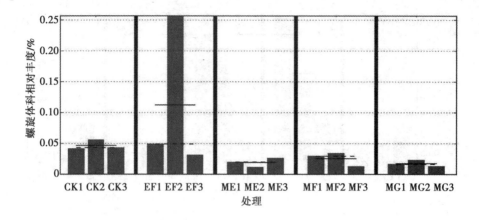

（f）

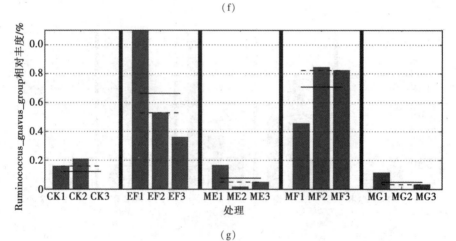

（g）

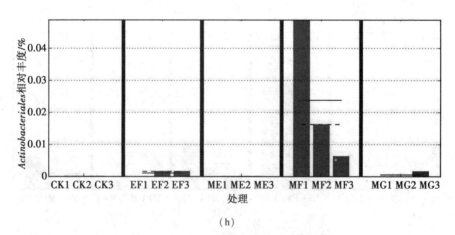

（h）

图 3-7 不同处理土壤细菌群落差异分析

根据样品 LEf Se 分析，筛选出 LDA 值大于 2.0 的物种，发现 CK、EF、ME 和 MF 组间细菌多样性存在差异，发挥显著性作用的菌种具有 10、6、2、2 个分类（如图 3-8 所示）。这些分类群主要来自 Ambiguous_taxa、metagenome、SJA_28、Leptospiraceae、Leptospirae、Leptospirales、螺旋体门（Spirochaetes）、Ignavibacteria、藤黄色杆菌属、

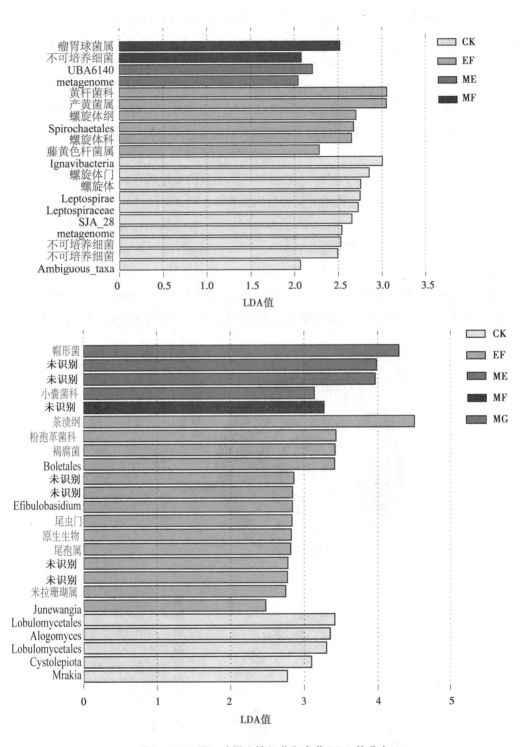

图 3-8　不同组试样土壤细菌和真菌 LDA 值分布

螺旋体科、Spirochaetales、Spirochaetia、产黄菌属、Flavobacteriaceae、UBA6140、un-cultured_bacterium、Ruminococcus_gnavus_group。各组差异效果影响较大的物种不同（如图 3-9 所示），CK 组中 uncultured_bacterium、SJA_28、Leptospira-ceae、Leptospirae、Leptospirales 和 Ignavibacteria，EF 组中螺旋体科、Spirochaetales、Spirochaetia、Fla-vobacteriaceae，ME 组中 metagenome 和 UBA6140，MF 组中 uncultured_bacterium 和 Ru-minococcus_gnavus_group 物种丰度对差异效果影响较大，即它们是各组中起重要作用的微生物。

从图 3-8 可知，CK、EF、ME、MF 和 MG 组间真菌多样性存在差异，筛选出 LDA 值大于 3 的物种，发挥显著性作用的菌种分别具有 4、3、1、1、4 个分类。这些分类群主要来自 Cystolepiota、Lobulomycetales、Alogomyces、Lobulomycetales_fam_Incertae_se-dis、Boletales、Coniophora、Coniophoraceae、Lecanoromycetes、未识别、Microascaceae、unidentified 和 *Calyptella*。各组差异效果影响较大的物种不同（如图 3-9 所示），CK 中 Lobulomycetales，EF 中 Coniophoraceae、Boletales，ME 中 Lecanoromycetes，MG 中 Mi-croascaceae 物种丰度对差异效果影响较大，即它们是各组中起到重要作用的微生物类群。

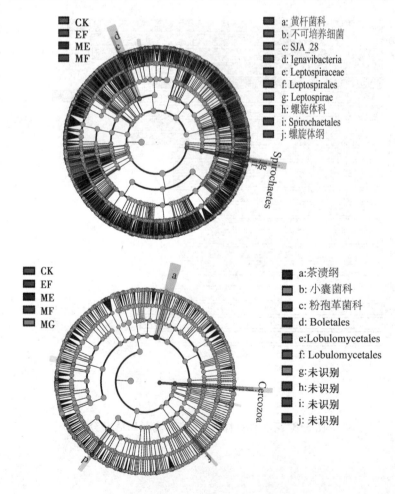

图 3-9　不同组试样土壤细菌和真菌系统发育树

（4）产量及产量构成因素的影响

由表3-13可知，各处理间秃尖长、穗粒数和产量无显著差异；4种秸秆还田处理穗长无显著差异，但均显著大于CK，其中，MG极显著大于CK；ME和EF千粒重无显著差异，但均极显著大于CK、MG和MF；CK、MG和MF千粒重无显著差异。

表3-13　各处理对春玉米产量构成因素的影响

处理	穗长/cm	秃尖长/cm	穗粒数/粒	千粒重/g	产量/（kg·hm^{-2}）
CK	13.47（Bb）	1.41（Aa）	423.67（Ab）	332.61（Bb）	10474.51（Aa）
MG	14.10（Aa）	1.36（Aa）	447.67（Aa）	338.85（Bb）	10989.72（Aa）
ME	13.86（ABab）	1.35（Aa）	424.33（Ab）	357.68（Aa）	11034.61（Aa）
MF	13.96A（Ba）	1.29（Aa）	437.33（Aab）	338.62（Bb）	10871.18（Aa）
EF	13.91（ABab）	1.25（Aa）	436.33（Aab）	354.56（Aa）	11073.40（Aa）

注：不同大小写字母分别表示处理间差异达到0.01显著水平和0.05显著水平。

3.3.1.3　讨论

免耕秸秆覆盖耕作[30]、膜茬免耕[36]和免耕有机肥覆盖[37]促进了土壤微生物活性，增加了土壤微生物数量。免耕土壤微生物的碳源利用率和不同碳源利用率均高于对照常规耕作；免耕土壤微生物丰富度指数和多样性指数显著高于常规耕作土壤[30]。然而，Du等[38]研究免耕和常规耕作对华北平原土壤呼吸和降水的影响，结果表明，作物生产力和土壤微生物生物量都不随耕作方式而变化。在张健军等[36]的研究中，免耕处理对甜瓜栽培土壤微生物多样性有显著影响。与传统耕作相比，免耕显著降低了 *Chloroflexi* 的相对丰度[35]。免耕覆盖显著增加了土壤原核微生物群落的多样性，但并未显著改变原核微生物群落的丰度[35]。不同耕作方式下土壤中真菌种群个体的相对丰度不同[39]。本研究中，4种免耕秸秆还田方式较浅旋秸秆不还田农户模式降低了外瓶霉属和被孢霉属相对丰度，但新出现草食性动物粪便中常见真菌 *Podospora*、角菌根菌属、*Archaeorhizomyces*，并增加了角菌根菌属和 *Gaiella* 相对丰度；免耕秸秆秋覆配施秸秆腐熟剂还田和免耕秸秆秋覆春二次粉碎配施秸秆腐熟剂还田处理新出现了粉褶蕈属，并增加了裂壳菌属、*Gaiella*、*Conocybe*、降解纤维素和淀粉双功能菌株[40]——产黄菌属、厌氧发酵型的纤维素分解菌——*Ruminococcus*、*Methylophilaceae* 相对丰度；其中，*Gaiella* 在蚯蚓粪堆肥土壤中相对丰度最高，*Gaiella* 属的细菌代表了抑制 Fusarium oxysporum f. sp. lycopersici（Fol）引起番茄枯萎病的关键微生物类群[41]；施入生物炭也增加了 *Conocybe* 相对丰度[42]；免耕秸秆还田增强了纤维素分解功能和相关类群的丰度[43]。免耕秸秆秋覆春配施秸秆腐熟剂还田和免耕秸秆秋覆春二次粉碎配施秸秆腐熟剂还田增加了 Peristomialis 和 Powellomyces 相对丰度；Powellomyces 可以通过自我构筑结构来防范干旱和高温[44]。免耕秸秆秋覆春二次粉碎配施秸秆腐熟剂还田增加了草食性动物粪便中常见真菌 *Cercophora* 和 *Scytalidium* 物种相对丰度。免耕秸秆秋覆还田对表层和亚表层土壤微生物的影响不同，这可能农田覆盖措施通过影响土壤水分、土壤温度和硝态氮来改变该地区土壤真菌群落分布格局[45]；不同土层土壤特性有差异，土壤有效氮和有效钾是与细菌和真菌群落转移相关的主要土壤因子[46]；可能不同土层土壤微生物群落组成变化的最主要驱动因子不同，表层中为土壤 pH、硝态氮和铵态氮，而土壤全氮和全碳在中层土壤中占重要地位，全氮、溶解性有机氮和土壤水分在下层土壤中占重要地位[47]。

4 种免耕秸秆还田方式对土壤细菌和真菌多样性影响较大，并且对生长环境产生较大影响的菌群不同，免耕秸秆秋覆春二次粉碎还田和免耕秸秆秋覆春二次粉碎配施秸秆腐熟剂还田处理中对生长环境产生较大影响的菌群有 Coniochaeta 和 Chytridiomycota，其中，Coniochaeta 菌属存在于健康柑橘叶片中脉内生菌群、而病株中却不存在[48]，Coniochaeta 可防御其他真菌[49]，Chytridiomycota 与土壤碱解氮呈最大负相关、与电导率呈最大正相关[50]；免耕秸秆秋覆春二次粉碎还田处理中有根际促生菌[51]——Flavisolibacter、一种芳香烃降解海洋细菌[52]——Polyclovorans 和分解木质素和纤维素等有益细菌[53]——Bryobacter；免耕秸秆秋覆春二次粉碎配施秸秆腐熟剂还田处理中有榨菜腌制过程中的最主要优势菌群乳酸杆菌属；免耕秸秆秋覆春配施秸秆腐熟剂还田处理中有 *Archaeorhizomyces*、Prevotellaceae 和 Polyclovorans；施用生物有机肥显著增加了 *Archaeorhizomyces* 的相对丰度，土壤有效磷含量与 *Archaeorhizomyces* 的相对丰度呈显著正相关[54]；*Archeaorhizomyces* 是植被恢复不同阶段土壤真菌群落组中关键优势真菌类群之一[55]。土壤全磷、全氮和全钾等营养组分与 *Archaeorhizomyces* 呈正相关，且相关性较高[56]，可推测免耕秸秆秋覆春配施秸秆腐熟剂还田增加了土壤营养组分，这可能使免耕秸秆还田对土壤干扰较小，能节水[57]；与传统耕作相比，免耕和少耕增加了土壤有机碳浓度[58]；短期免耕显著增加了土壤微生物生物量碳[59-60]和 0~5 cm 土层中土壤微生物生物量氮和磷[61]的含量；秸秆还田足以抵消 SOC 的损失，向施肥土壤中投入高添加量的秸秆（10 g 秸秆/100 g 干土）增加 SOC 含量[62]；长期免耕条件下表层土壤的碳氮比显著高于耕作条件下的碳氮比，而长期免耕表土的微生物活性略高于耕作[63]；长期免耕覆盖提高了丛枝菌根真菌多样性[64]，免耕增加了共生菌的相对比例[65]；菌根真菌接种引起的真菌丰度增加总是导致宿主生产力的短期增加[45]，从而对土壤环境产生了积极影响。秸秆还田提高了小麦不同粒位的单粒重[66]，生长调节剂改善玉米籽粒灌浆参数，显著增加玉米粒重[67]；本研究中秸秆二次粉碎处理 ME 和 EF 极显著增加玉米千粒重，秸秆粉碎越细越有利于分解[68]，可能秸秆分解释放的养分和生长调节物质较多，从而增加了玉米粒重。M. Parhizkar 等[69]研究秸秆长度和施用量对径流和侵蚀率的影响，发现施用 10 mm 长的秸秆覆盖物 3000 kg/hm²，可将土壤流失降至最低；免耕秸秆覆盖还田可通过秸秆二次粉碎，可激发增效效应。

3.3.1.4　结论

免耕秸秆秋覆春二次粉碎还田及施用腐熟剂措施可增加降解纤维素功能菌及菌根真菌多样性和相对丰度，对于西辽河平原雨养区春玉米田土壤微生物多样性、丰富度的提升具有积极作用，并增加玉米千粒重。西辽河平原雨养区可采用免耕秸秆秋覆春二次粉碎还田措施。

3.3.2　隔年秸秆还田对连作玉米养分积累及叶片生理特性的影响

为提高冷凉地区玉米秸秆还田效率，以秸秆不还田为对照，设置秸秆深翻还田和旋耕还田配施秸秆腐熟剂、深翻和旋耕还田不施秸秆腐熟剂处理，测定玉米茎秆、叶片、穗部和籽粒氮磷钾养分积累量及叶片生理活性，研究秸秆还田配施秸秆腐熟剂对玉米生长的影响。研究结果表明，不同秸秆还田方式显著提高上位叶及下位叶叶绿素含量、叶片 SOD 活性、茎鞘氮和钾积累量，并提高玉米产量，增产率为 7.56%~28.00%；其中，旋耕和深翻秸秆还田配施腐熟剂处理显著提高穗位叶叶绿素含量，显著降低叶片 MDA 活性，显著提高叶片磷积累量；深翻还田配施腐熟剂极显著提高叶片、穗部、籽粒氮积累量。冷凉地区玉米秸秆还田提高玉米叶片生理活性，旋耕还田配施秸秆腐熟剂增产率高，干物质积累量较多；深翻还田配施腐熟剂显著提高玉米叶片、穗部和子粒氮积累量。

内蒙古春玉米主要种植体系为连作体系，研究结果表明，玉米连作耕地土壤基础地力不断下降，玉米连作 24 年后，土壤中碳含量降低 5.3%，黑土有机质稳定性下降[70]，农田生态失衡，玉米病害发生频繁；在 0~20 cm 土层，速效磷和有机质均随连作年限的增加而显著减少[71]；玉米连作单施化肥尤其单施氮肥导致土壤微生物活性和多样性下降[72]；而玉米连作配施秸秆明显提高微生物活性[72-73]，有机无机肥配施能有效改善土壤微生物环境，优化土壤微生物群落区系结构[74]；连作玉米田免耕-深松、深松-翻耕、翻耕-免耕 3 种轮耕较连续翻耕增加有机质含量[75]。3 年定位根茬还田高产栽培和清茬习惯栽培模式下增施氮肥均能提高连作玉米产量[76]，高产栽培产量显著高于习惯栽培处理。秸秆全量还田需要额外添加氮素[77]。秸秆还田棉田随着连作年限增加，胡敏酸与富里酸含量差异逐渐增大[78]。在秸秆还田比例与肥料施加量等方面仍需优化，以实现玉米产量与土壤质量协同提高[79]。内蒙古自治区是我国玉米主产区之一，总体来看，该区域年均气温较低，且低温持续时间较长，导致秸秆降解转化周期长，难以作为当季作物的肥源，秸秆降解难是制约该区域秸秆还田的关键因素。为此，本研究通过连续 3a 定位试验，研究秸秆深翻还田和秸秆旋耕还田配施秸秆腐熟剂对春玉米养分积累及叶片特征的影响，为区域玉米秸秆高效利用提供理论与技术指导。

3.3.2.1　材料与方法

（1）研究区概况

试验于 2016 年在内蒙古自治区西辽河平原内蒙古民族大学秸秆还田定点试验田进行（43°36′N，122°22′E，海拔 178 m）。试验区年均气温 6.8 ℃，大于等于 10 ℃活动积温 3200 ℃，年均降水量 385 mm，生长季内（5—9 月份）降水量约为 315 mm[80]。

试验田具有井灌条件，土壤为灰色草甸土，为当地主要土壤类型。

（2）试验设计

试验设置 5 个处理，包括深翻秸秆还田施加腐熟剂（DR+D）、旋耕秸秆还田施加腐熟剂（RR+D）、深翻还田（DR）、旋耕还田（RR）、秸秆不还田清茬旋耕（CK）；腐熟剂为河南省沃宝生物科技有限公司生产的沃宝秸秆腐熟剂，其主要成分为对纤维素、木质素分解良好的芽孢杆菌、霉菌等有益菌株，有益菌含量不小于 0.5×10^8 cfu/g。采用随机区组设计，小区面积为 72 m²，3 次重复。

秸秆还田方式为春播前玉米秸秆全量粉碎还田，旋耕机旋耕深度 15 cm，人工深翻深度 30 cm。2014 年播前进行秸秆还田，2015 年各处理均旋耕灭茬，2016 年播前进行秸秆还田；3 年供试品种、种植密度和肥水管理一致。供试品种为郑单 958，种植密度 7.5 万株/公顷²，基施尿素 40.5 kg/hm²、磷酸二铵 103.5 kg/hm²、硫酸钾 45 kg/hm²，拔节期一次追施纯氮 172.5 kg/hm²。生育期间灌水 4 次。

（3）测定项目与方法

① 产量构成因素的测定。

收获时各小区测产面积 60 m²，调查样方内有效穗数，并取样人工脱粒测定子粒含水率，折算出 14% 含水率下的产量。同时，均取样 10 穗，调查穗粒数，测定千粒重。

② 养分积累量测定。

在吐丝期，从每个小区取代表性植株 3 株，按器官分离，105 ℃ 杀青 30 min，65 ℃ 烘干至恒重测定干物质重。样品经粉碎后，分别用半微量凯氏定氮法、钒钼黄比色法和火焰分光光度法测定各器官的氮、磷、钾含量[81]。

吐丝期养分积累量＝吐丝期营养器官干物质积累量×养分含量×每公顷株数

③ 玉米叶片特征指标测定。

大喇叭口期和吐丝期取正常生长且有代表性植株的上位叶、穗位叶和下位叶，测定叶绿素含量、超氧化物歧化酶（SOD）活性及丙二醛（MDA）活性；测定方法分别为分光光度法[82]、氮蓝四唑（NBT）光化还原法[83]、硫代巴比妥酸法[84]。

3.3.2.2　结果与分析

（1）隔年秸秆还田对春玉米产量及产量构成因素的影响

从表 3-14 可知，秸秆还田显著降低秃尖长，其中，RR 与 CK 差异达到极显著。穗粒数仅 RR 与 CK 有显著差异，实测产量 RR 与 CK 差异极显著，RR+D 显著提高玉米产量；有效穗数和千粒重处理间无差异。

表 3-14　秸秆还田对春玉米产量及产量构成因素的影响

处理	秃尖长/cm	穗粒数/粒	有效穗数/（穗·公顷⁻²）	千粒重/g	产量/（t·hm⁻²）	增产率
RR	0.25（Bb）	621（Aa）	69063（Aa）	357.4（Aa）	13.03（Aa）	28.0
DR	1.02（ABb）	557（Aab）	64689（Aa）	362.6（Aa）	10.95（ABab）	7.6

表3-14（续）

处理	秃尖长/ cm	穗粒数/ 粒	有效穗数/ （穗·公顷⁻²）	千粒重/ g	产量/ （t·hm⁻²）	增产率
RR+D	0.75A（Bb）	584（Aab）	68125（Aa）	375.5（Aa）	12.68（ABa）	24.6
DR+D	0.92（ABb）	565（Aab）	69063（Aa）	351.2（Aa）	11.62（ABab）	14.2
CK	2.58（Aa）	523（Ab）	66565（Aa）	344.5（Aa）	10.18（Bb）	—

注：小写字母表示同列数据差异显著（$P < 0.05$），大写字母表示同列数据差异极显著（$P < 0.01$）。下同。

（2）隔年秸秆还田对玉米干物质积累及分配的影响

从表3-15可知，吐丝期各处理干物质积累量以茎鞘最高，叶片其次，穗部最低；玉米干物质积累总量和茎鞘干物质积累量为RR+D>RR>DR+D>CK>DR，除DR外，其他秸秆还田处理与对照相比均显著提高了干物质积累总量和茎鞘干物质积累量，且RR+D与RR处理无显著差异；叶片干物质积累量为RR+D>CK>DR>DR+D>RR，穗部干物质积累量为RR+D>DR>RR>DR+D>CK，处理间均无显著差异；各处理干物质分配率为茎鞘>叶片>穗部，茎鞘干物质分配率为RR>DR+D>RR+D>CK>DR，叶片干物质分配率为CK=DR>DR+D>RR+D>RR，穗部干物质分配率为DR>RR+D>RR>DR+D>CK。

表3-15 玉米干物质积累及分配

处理	干物质积累量/（kg·hm⁻²）				干物质分配比例/%		
	总量	茎鞘	叶片	穗部	茎鞘	叶片	穗部
RR	9786.8（a）	5410.5（a）	3252.0（a）	1124.3（a）	55.3	33.2	11.5
DR	9184.5（c）	4592.3（c）	3423.8（a）	1168.5（a）	50.0	37.3	12.7
RR+D	10157.3（a）	5466.0（a）	3496.5（a）	1194.8（a）	53.8	34.4	11.8
DR+D	9419.3（b）	5092.5（b）	3337.5（a）	989.5（a）	54.1	35.4	10.5
CK	9288.0（c）	4860.0（bc）	3463.5（a）	964.5（a）	52.3	37.3	10.4

（3）隔年秸秆还田对养分积累量的影响

从表3-16可知，除RR处理外成熟期其他秸秆还田处理茎鞘、叶片、穗部和籽粒氮积累量均显著高于CK，茎鞘氮积累量秸秆还田处理间无显著差异。DR+D叶片氮积累量极显著高于其他处理，其他4个处理间无显著差异。RR+D、DR+D穗部氮积累量极显著高于CK，显著高于RR、DR；RR与DR、RR与CK间无显著差异。DR+D籽粒氮积累量极显著高于其他处理，DR籽粒氮积累量显著高于CK，RR、RR+D、CK间无显著差异。各处理茎鞘、穗部、籽粒磷积累量无显著差异；除RR处理外，DR、RR+D、DR+D处理叶片磷积累量显著高于CK。RR、DR、RR+D和DR+D处理茎鞘钾积累量显著高于CK，其中，RR+D和DR+D处理茎鞘钾积累量极显著高；4个处理叶片、穗部、籽粒钾积累量无显著差异。

表 3-16　隔年秸秆还田春玉米养分积累量　　　　　　　单位：kg/hm^2

还田方式	氮				磷				钾			
	茎鞘	叶片	穗部	籽粒	茎鞘	叶片	穗部	籽粒	茎鞘	叶片	穗部	籽粒
RR	20.8A (ab)	24.8 (Bb)	12.4BC (bc)	117.0AB (bc)	5.2 (Aa)	3.1 (Aab)	2.5 (Aa)	39.1 (Aa)	54.5 (ABa)	33.1 (Aa)	32.8 (Aa)	39.1 (Aa)
DR	30.5A (a)	23.5 (Bb)	13.8AB (Cb)	148.4AB (ab)	5.7 (Aa)	4.5 (Aa)	2.4 (Aa)	40.3 (Aa)	57.0 (ABa)	32.0 (Aa)	31.6 (Aa)	42.8 (Aa)
RR+D	35.2A (a)	24.1 (Bb)	16.9AB (ab)	129.9ABa (bc)	6.2 (Aa)	4.2 (Aa)	2.4 (Aa)	37.8 (Aa)	64.8 (Aa)	32.3 (Aa)	28.2 (Aa)	37.0 (Aa)
DR+D	33.4A (a)	39.1 (Aa)	21.6 (Aa)	166.2 (Aa)	7.5 (Aa)	4.7 (Aa)	3.2 (Aa)	46.8 (Aa)	62.4 (Aa)	34.9 (Aa)	33.5 (Aa)	43.0 (Aa)
CK	14.9A (b)	19.3 (Bb)	7.3 (Cc)	105.2 (Bc)	3.6 (Aa)	2.4 (Ab)	2.0 (Aa)	32.9 (Aa)	38.0 (Bb)	25.5 (Aa)	31.4 (Aa)	36.4 (Aa)

（4）隔年秸秆还田对玉米叶片叶绿素含量的影响

叶绿素含量是反映叶片生理活性变化的重要指标。从表 3-17 可知，大喇叭口期上位叶叶绿素含量为 DR+D>DR>RR+D>RR>CK，仅 RR+D 与 RR 间无显著差异，其余处理间差异显著，DR+D 叶绿素含量极显著高于其他处理；吐丝期上位叶叶绿素含量为 RR+D>DR>RR>DR+D>CK，RR+D 与其他处理差异极显著，其他处理间无显著差异。大喇叭口期穗位叶叶绿素含量为 RR+D>DR+D>CK>RR>DR，RR+D 含量极显著高于其他处理，各处理差异显著；吐丝期穗位叶叶绿素含量为 RR+D>DR>RR>DR+D>CK，RR+D 含量极显著高于其他处理，其他处理差异不显著。大喇叭口期下位叶叶绿素含量为 DR+D>RR+D>RR>CK>DR，DR 与 CK 无显著差异，其他处理间差异极显著；吐丝期为 DR+D>RR+D>DR>RR>CK，各处理差异极显著。

表 3-17　各处理叶片叶绿素含量　　　　　　　单位：mg/L

处理	上位叶		穗位叶		下位叶	
	大喇叭口期	吐丝期	大喇叭口期	吐丝期	大喇叭口期	吐丝期
RR	1.01（Bc）	1.84（Bb）	0.85（Cd）	1.57（Bb）	0.78（Dd）	1.37（Dd）
DR	1.09（Bb）	1.88（Bb）	0.56（De）	1.73（Bb）	0.71（CDc）	1.51（Cc）
RR+D	1.06（Bbc）	2.83（Aa）	1.20（Aa）	3.01（Aa）	1.12（Bb）	1.59（Bb）
DR+D	1.32（Aa）	1.82（Bb）	1.00（Bb）	1.57（Bb）	1.80（Aa）	1.76（Aa）
CK	0.67（Cd）	1.68（Bb）	0.87（Cc）	1.51（Bb）	0.73（Cc）	1.17（Ee）

（5）隔年秸秆还田对玉米叶片 SOD 和 MDA 活性的影响

从表 3-18 可知，玉米上位叶 SOD 活性为 DR+D>RR+D>RR>DR>CK，RR 与 DR 无显著差异，RR 与其他处理差异极显著；DR 与 DR+D 间差异显著，DR 和 DR+D 均与 RR+D、CK 有极显著差异。穗位叶 SOD 活性为 DR+D>RR+D>DR>RR>CK，施用秸秆

腐熟剂处理间无显著差异，但均与 CK 有极显著差异。下位叶 SOD 活性为 RR>DR>
RR+D>DR+D>CK，RR、DR、DR+D 和 RR+D 处理间无显著差异，它们与 CK 间差异
极显著。玉米上位叶、穗位叶和下位叶 MDA 活性均为 CK>RR>DR>DR+D>RR+D，其
中，上位叶 CK 与 RR+D 间差异极显著，与 DR+D 差异显著，与其他处理无显著差异；
DR+D 与 DR 无显著差异；RR+D 与 RR 间有显著差异。穗位叶 MDA 活性为 CK 仅与
RR+D 差异显著，其他处理间无显著差异。除 RR 外，CK 下位叶 MDA 活性与其他处理
差异显著；DR 和 RR 间无显著差异，DR+D 和 RR+D 与 CK 有极显著差异，DR+D 与
RR+D 无显著差异。

表 3-18 玉米叶片 SOD 和 MDA 活性

处理	上位叶		穗位叶		下位叶	
	SOD 活性 /(U·g^{-1})	MDA 活性 /(umol·kg^{-1})	SOD 活性 /(U·g^{-1})	MDA 活性 /(umol·kg^{-1})	SOD 活性 /(U·g^{-1})	MDA 活性 /(umol·kg^{-1})
RR	274.21（Bb）	13.56（ABa）	256.93（Bb）	16.81（Aab）	262.63（Aa）	18.04（ABab）
DR	261.82（Bb）	12.67（ABab）	261.74（Bb）	16.71（Aab）	262.35（Aa）	17.55（ABCbc）
DR+D	304.39（Aa）	10.79（ABb）	291.26（Aa）	15.76（Aab）	251.93（Aa）	16.51（BCcd）
RR+D	295.81（Aa）	10.59（Bb）	282.41（Aa）	14.91（Ab）	256.49（Aa）	15.54（Cd）
CK	239.94（Cc）	13.77（Aa）	226.71（Cc）	18.07（Aa）	211.83（Bb）	20.54（Aa）

3.3.2.3 讨论与结论

产量和总生物量的增加是检验耕作措施好坏的重要指标；不同秸秆还田方式对玉米
产量的影响不尽相同，秸秆还田提高玉米产量，主要是提高穗粒数，增加百粒重，降低
秃尖长[84]；而在于博[85]研究中深翻秸秆还田对穗粒数影响不显著；在李亭亭[86]研究
中，隔年和连年秸秆还田穗粒数、千粒重增加不显著，而有效穗数则均比旋耕无秸秆还
田显著增加；隔年深耕与两年深耕处理的增产效果无显著差异[87]；秸秆旋耕和翻耕还
田产量差异不显著[88]；秸秆喷施快速腐熟剂后还田比不使用秸秆腐熟剂产量提高
7.8%[89]。腐熟剂与尿素配合施用的效果最佳[4]；秸秆还田量小且配秸秆腐熟剂处理玉
米产量比秸秆还田量大处理高[90]；本研究中秸秆还田降低玉米秃尖长，提高穗粒数，
增加玉米产量；其中，旋耕还田和旋耕施加腐熟剂还田显著增加玉米产量。旋耕深松秸
秆还田成熟期干物质积累量比旋耕高出 28.64%[91]，增加了玉米地上部分干物质的积
累[92-93]，并促进了籽粒干物质的积累[86]；秸秆旋耕和翻耕还田籽粒氮素积累量差异并
不显著[88]；本研究中秸秆还田显著增加玉米干物质积累量、茎鞘氮和钾积累量，其中，
深翻还田配施腐熟剂极显著提高叶片、穗部、籽粒氮积累量；秸秆还田配施腐熟剂显著
提高叶片磷积累量、茎鞘钾素积累量。秸秆还田玉米叶片叶绿素含量较高[89,92-95]；随着
还田年限延长，玉米叶片叶绿素含量也明显提高[96]；本研究中，秸秆还田显著增加上
位叶和下位叶叶绿素含量，其中，深翻还田配施腐熟剂极显著提高穗位叶叶绿素含量，
为玉米高产提供物质基础。

植物 SOD 在逆境胁迫和衰老过程中清除体内过量的活性氧,而 MDA 的积累可能对膜和细胞造成一定的伤害,其含量可反映植物遭受逆境伤害的程度。在白建芳[97]的研究中,深翻秸秆还田与普通旋耕和深松相比提高 SOD 活性;适量地施用有机肥可以提高春玉米生育后期叶片保护酶活性[98];本研究中秸秆还田提高叶片 SOD 活性,施用腐熟剂降低叶片 MDA 活性。秸秆腐熟剂促进秸秆腐熟,释放秸秆中的有机质和氮、磷、钾等元素成为玉米生长的营养,为玉米产量的提高奠定基础。

3.4 灌溉方式对玉米秸秆还田土壤细菌多样性的影响

为揭示西辽河平原灌区 2 种主要灌溉方式浅埋滴灌(QM)和膜下滴灌(MX)下连作春玉米田土壤细菌多样性变化规律,采用裂区试验,滴灌模式为主处理,灌水量为副处理,设传统灌水量 40%(1440 m³/hm²)、传统灌水量 50%(1800 m³/hm²)、传统灌水量 60%(2160 m³/hm²)3 个水平,在玉米成熟期,采集 0~20 cm 和 20~40 cm 土层土壤样品,采用高通量测序技术,研究两种滴灌方式下节水对土壤细菌多样性的影响。结果表明,0~20 cm 土层,相同灌水量下,浅埋滴灌细菌 OTU 数大于膜下滴灌;20~40 cm 土层中相反。随着灌水量的降低,两种滴灌方式细菌 OTU 数降低。三个灌水量中,50%灌水量下 2 种滴灌方式微生物相对丰度差异较大,浅埋滴灌比膜下滴灌增加了 0~20 cm 土层 Proteobacteria、拟杆菌门(Bacteroidetes)、厚壁菌门(Firmicutes)、酸杆菌门相对丰度,20~40 cm 土层中增加了 Proteobacteria 相对丰度,减少了厚壁菌门(Firmicutes)相对丰度;属水平下,随着灌水量的降低,浅埋滴灌 Pseudarthrobacter 相对丰度先下降后上升,其余属相对丰度均稳定,膜下滴灌菌属变化较大;膜下滴灌降低了耕层土壤微生物网络的稳定性;20~40 cm 土层中,膜下滴灌处理鞘氨醇单胞菌相对丰度下降,其余属相对丰度均稳定,浅埋滴灌菌属变化较大。浅埋滴灌土壤中富集了与有机质与速效养分含量成显著正相关菌群,富集了根际偏好性的、植物根际土壤中占主导的全噬菌纲 Holophagae,在氮转化进程中扮演着重要角色的 Thermoanaerobaculaceae,对水解和利用复杂有机质至关重要的 Microtrichales。膜下滴灌土壤中富集了对微塑料具有耐受性和降解性的 Nocardioidaceae,在高盐度条件下保持较高物种占比的丙酸杆菌目(Propionibacteriales)菌群。

西辽河平原地处世界玉米生产的"黄金带",是我国为数不多的井灌玉米高产区之一[99],井灌玉米面积占 80%以上,灌溉水用量大,导致区域地下水位下降明显[100];迄今为止,滴灌是公认的农田灌溉最节水的灌溉技术之一;合理的滴灌施肥技术是保证作物产量的最佳方法,不但节约水量,提高肥料利用,而且对于土壤及地下水具有保护作用[101]。膜下滴灌作为东北地区节水灌溉的主推技术,既有节水增产效果,也有增温保墒促使作物早熟的特点[102];膜下滴灌可以减少蒸发、径流和深层渗漏引发的水分损失[103],抑制盐分上移,在作物根区形成一个低盐区[104];膜下滴灌显著提高玉米产量和水分利用效率[105]。常年膜下滴灌导致可耕地面临次生盐碱化的危害,造成单位面积耕地产量下降,作物减产,水分利用效率降低[106];由于农膜回收机制不健全,多年覆膜连作导致大量的塑料地膜残留在土壤中,破坏了土壤环境,高水灌溉下残膜显著降低对 0~10 cm 土壤含水率,残膜降低玉米株高、茎粗和叶面积指数,推迟玉米进入快速生长期的时间,残膜会降低玉米的根长密度、根重密度[107],严重危害作物生长发育。浅埋滴灌是本研究团队协同研发的一种新型滴灌技术,地表无膜覆盖、滴灌管浅埋于地表(3~5 cm),在发挥滴灌技术优势的同时,也避免残膜污染等问题,具有较大的实际应用价值[108],2018—2020 年在内蒙古东部推广面积超过 8666.67 km²,取得了显著的经济效益和生态效益。内蒙古通辽市实施浅埋滴灌工程后,玉米生育期内地下水埋深下降速率由 0.36 m/年下降至 0.24 m/年,减缓了地下水埋深的下降速率,部分地区出现地下水位回升[109]。浅埋滴灌由于地表无膜覆盖,土壤水、热变化规律与膜下滴灌差别较大;膜下滴灌的土壤湿润比为 67%~83%、而无膜滴灌的土壤湿润比为 33%~67%,膜下滴灌土壤灌水深度比无膜滴灌土壤灌水深度浅,膜下滴灌土壤含水率和土壤温度均比无膜滴灌条件下的土壤温度和含水率高[102]。滴灌对作物根系分布和根系结构的约束作用强[102],膜下滴灌根系在 30 cm 土层内分布均匀,浅埋滴灌玉米根系分布较膜下滴灌深 10 cm[110];两种滴灌模式下土壤微生物特性必然存在差异,探明不同滴灌模式对春玉米土壤细菌和真菌多样性的影响,是节水条件下加深理解土壤微生态的重要基础。

3.4.1　材料与方法

3.4.1.1　试验区概况

试验于 2019—2020 年在通辽市科尔沁区农牧业高新科技示范园区进行,试验地土壤为灰色草甸中壤土,是当地主要的土壤类型。2019—2020 年 0~20 cm 土壤表层养分含量 2019 年和 2020 年分别为有机 18.27 g/kg 和 19.05 g/kg、碱解氮 51.13 mg/kg 和 52.9 mg/kg、全氮 0.75 g/kg 和 0.78 g/kg、有效磷 6.26 mg/kg 和 6.03 mg/kg、速效钾 77.85 mg/kg 和 81.05 mg/kg。

3.4.1.2　试验设计

本试验以农华 101 为试验材料,采用裂区试验,滴灌模式为主处理,设浅埋滴灌(QM)和膜下滴灌(MX)2 种方法,灌水量为副处理,分别设传统灌水量 40%(1440 m³/hm²)、传统灌水量 50%(1800 m³/hm²)、传统灌水量 60%(2160 m³/hm²)3 个水平,按苗期—拔节期、拔节期—大喇叭口期、大喇叭口期—吐丝期、吐丝期—乳熟期、乳熟期—收获期 1∶2∶2∶3∶2 比例滴灌。具体灌溉方案如表 3-19 所示。

表 3-19 不同滴灌模式灌溉方案

处理		生育时期灌水量					
		苗期—拔节期	拔节期—大喇叭口期	大喇叭口—吐丝期	吐丝期—乳熟期	乳熟期—收获期	总灌水量
传统灌水量 40%	MX40	144	288	288	432	288	1440
	QM40						
传统灌水量 50%	MX50	180	360	360	540	360	1800
	QM50						
传统灌水量 60%	MX60	216	432	432	648	432	2160
	QM60						

各处理采用播种—施肥—铺带—覆膜一体机播种，浅埋滴灌播种时抬起覆膜装置，大小垄（小垄行距 40 cm，大垄行距 80 cm）种植，种植密度为 7.5 万株/hm²，播后统一滴引苗水 400 m³/hm²。浅埋滴灌和膜下滴灌处理均采用贴片式滴灌管，滴头相距 20 cm，膜下滴灌地膜采用宽为 1.2 m、厚度为 0.08 mm 的聚乙烯透明膜。各处理底施磷酸二铵 150 kg/hm²，硫酸钾 90 kg/hm²，追施尿素 525 kg/hm²，分别在拔节期、大喇叭口期、吐丝期按 3∶6∶1 比例结合滴灌追施，追肥前先滴清水 0.5 h，拔节期灌溉结束前 1.5 h 加入氮肥，大喇叭口期在灌溉结束前 3 h 加入氮肥，吐丝期在灌溉结束前 2 h 加入氮肥，施肥结束后，继续滴灌 0.5 h。小区面积 120 m²（6 m×20 m），3 次重复。各处理 2019 年 5 月 1 日播种，同年 10 月 1 日收获，2020 年 5 月 3 日播种，同年 10 月 2 日收获。

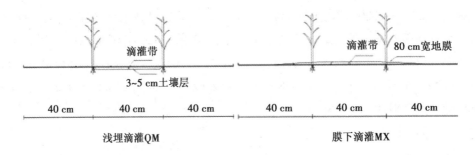

图 3-10 浅埋滴灌与膜下滴灌对比示意图

3.4.1.3 测定项目与方法

玉米成熟期，采用 S 形 15 点取样法，采集 0～20 cm（QM40.1、QM50.1、QM60.1、MX40.1、MX50.1、MX60.1）、20～40 cm 土层（QM40.2、QM50.2、QM60.2、MX40.2、MX50.2、MX60.2）的土壤样品，每种土样取样量约 100 g，装入已灭菌的自封袋中置冰盒带入实验室进行土壤总 DNA 提取。土壤总 DNA 提取及 16 S r DNA 测序方法与第 2 章 2.4 节相同。

3.4.1.4　数据处理

与第 2 章 2.4 节相同。

3.4.2　结果与分析

3.4.2.1　两种滴灌模式下不同灌水量对土壤细菌 OTU 数的影响

从图 3-11 可知，0~20 cm 土层，细菌 OTU 数 MX40.1＜MX60.1＜QM50.1＜MX50.1＜QM40.1＜QM60.1，相同灌水量下，除了 QM50.1，浅埋滴灌细菌 OTU 数大于膜下滴灌；随着灌水量的降低，膜下滴灌和浅埋滴灌细菌 OTU 均降低。20~40 cm 土层，细菌 OTU 数 QM40.2＜QM60.2＜QM50.2＜MX40.2＜MX60.2＜MX50.2，相同灌水量下，膜下滴灌细菌 OTU 数大于浅埋滴灌；两种灌溉模式下，MX50.2 和 QM50.2 OTU 数均大于其他灌水量。随着土层的下移，除了 QM50，两种灌溉模式其余灌水量处理细菌 OTU 数均下降。

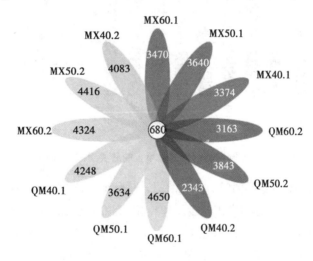

图 3-11　不同处理土壤中细菌 OTU 数

3.4.2.2　两种滴灌模式下不同灌水量对土壤细菌群落组成的影响

从图 3-12 可知，在细菌门水平下，随着灌水量的降低，膜下滴灌处理 0~20 cm 土层中，变形菌门、拟杆菌门相对丰度先下降后上升，放线菌门、芽单胞菌门、硝化螺旋菌门相对丰度先上升后下降，厚壁菌门相对丰度无变化，酸杆菌门相对丰度下降；20~40 cm 土层中，变形菌门、放线菌门相对丰度先下降后上升，拟杆菌门、厚壁菌门相对丰度先上升后下降，芽单胞菌门相对丰度下降，酸杆菌门相对丰度无变化。随着灌水量的降低，浅埋滴灌处理 0~20 cm 土层中，变形菌门相对丰度无变化，放线菌门、芽单胞菌门、酸杆菌门相对丰度先下降后上升，拟杆菌门、厚壁菌门相对丰度先上升后下降；20~40 cm 土层中，变形菌门、放线菌门、芽单胞菌门、酸杆菌门相对丰度先上升后下降；拟杆菌门、厚壁菌门相对丰度先下降后上升。50%灌水量下，浅埋滴灌比膜下

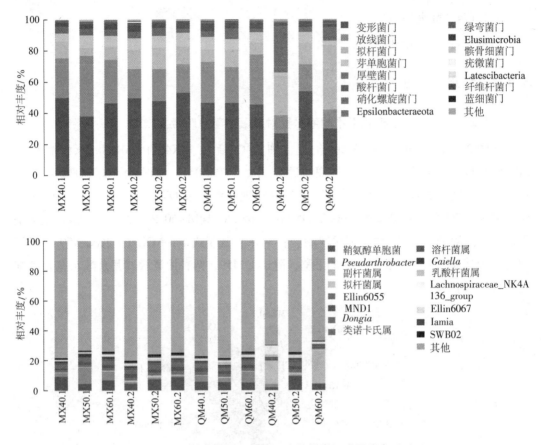

图 3-12　土壤细菌门和属水平上的分类组成及分布（1）

滴灌增加了 0~20 cm 土层变形菌门、拟杆菌门、厚壁菌门、酸杆菌门相对丰度，20~40 cm 土层中增加了变形菌门相对丰度，减少了厚壁菌门相对丰度，拟杆菌门和酸杆菌门相对丰度相当；两种滴灌处理 40% 灌水量 0~20 cm 土层放线菌门相对丰度相当，其余灌水量下膜下滴灌 0~40 cm 土层放线菌门相对丰度均大于浅埋滴灌；芽单胞菌门相对丰度 QM40.1 大于 MX40.1，其余两个灌水量下其相对丰度相当，20~40 cm 土层中膜下滴灌大于浅埋滴灌。相同灌水量下，随着土层的下移，膜下滴灌传统灌水量 50% 和 60% 下变形菌门、拟杆菌门相对丰度增加，传统灌水量 40% 下无变化；放线菌门相对丰度下降；芽单胞菌门相对丰度传统灌水量 40% 下增加，传统灌水量 50% 和 60% 下无变化；厚壁菌门相对丰度在传统灌水量 40% 和 50% 下无变化，传统灌水量 60% 下降；酸杆菌门相对丰度无变化。相同灌水量下，随着土层的下移，浅埋滴灌放线菌门相对丰度下降，拟杆菌门相对丰度增加，芽单胞菌门相对丰度下降（除了传统灌水量 50%），厚壁菌门相对丰度增加（除传统灌水量 50%），酸杆菌门相对丰度下降。

　　在属水平下，随着灌水量的降低，膜下滴灌处理 0~20 cm 土层中，鞘氨醇单胞菌相对丰度先下降后上升，*Pseudarthrobacter*、类诺卡氏属、*Gaiella* 相对丰度先上升后下降；副杆菌属和 Lachnospiraceae_NK4A136_group 相对丰度下降。随着灌水量的降低，膜下滴灌处理 20～40 cm 土层中，鞘氨醇单胞菌相对丰度下降，其余属相对丰度均稳定。随着灌水量的降低，浅埋滴灌处理 0～20 cm 土层中，*Pseudarthrobacter* 相对丰度先下降后上升，其余属相对丰度均稳定；20～40 cm 土层中，鞘氨醇单胞菌、Ellin6055 相对丰度先上升后下降；拟杆菌属和 Lachnospiraceae_NK4A136_group 相对丰度上升，而副杆菌属相对丰度下降。随着灌水量的降低，除了浅埋滴灌 20～40 cm 土层处理，其余处理中拟杆菌属、Ellin6055、MND1 和 *Dongia* 相对丰度均稳定。

0～20 cm 土层相同灌水量下，两种滴灌处理副杆菌属、Ellin6055、MND1、类诺卡氏属相对丰度无差异；QM50 中鞘氨醇单胞菌、拟杆菌属、Lachnospiraceae_NK4A136_group 相对丰度均大于 MX50；在 W1 和 W3 下，膜下滴灌鞘氨醇单胞菌相对丰度大于浅埋滴灌，而 *Pseudarthrobacter* 相对丰度小于浅埋滴灌，其余菌属相对丰度无差异。20～40 cm 土层 QM40 中，鞘氨醇单胞菌和 Ellin6055 相对丰度小于 MX40，而 *Pseudarthrobacter* 和拟杆菌属相对丰度大于 MX40，副杆菌属相对丰度无差异；QM50 中鞘氨醇单胞菌和 Ellin6055 相对丰度大于 MX50，而类诺卡氏属相对丰度小于 MX50，其余菌属相对丰度无差异；QM60 中鞘氨醇单胞菌、*Pseudarthrobacter*、拟杆菌属、Ellin6055、MND1、溶杆菌属、*Gaiella* 和 SWB02 相对丰度均小于 MX60，其中，*Gaiella* 和 SWB02 未出现在 QM60 中。

随着土层的下移，膜下滴灌鞘氨醇单胞菌相对丰度上升（除了 40%）；*Pseudarthrobacter*、类诺卡氏属、*Gaiella* 相对丰度下降；拟杆菌属、Ellin6055、MND1、*Dongia*、Lachnospiraceae_NK4A136_group 相对丰度上升。随着土层的下移，浅埋滴灌鞘氨醇单胞菌（除了 50%）、*Pseudarthrobacter*、Ellin6055、MND1、类诺卡氏属、*Gaiella* 相对丰度下降，60% 灌水量下副杆菌属相对丰度上升，拟杆菌属、Lachnospiraceae_NK4A136_group 相对丰度上升。

3.4.2.3　两种滴灌模式土壤细菌差异物种分析

在属水平上挑选差异物种丰度前十的相对丰度 boxplot 分析，获得优势差异物种在组内丰度及组间比较（见图 3-13），结果发现，差异物种丰度前十的有类诺卡氏属、*Iamia*、SWB02、*Haliangium*、*Pseudomonas*、*Marmoricola*、Subgroup_10、*Steroidobacter*、*Lechevalieria*、*Nordella*，其中，浅埋滴灌 0～20 cm 土层 *Iamia*、*Haliangium*、Subgroup_10、*Lechevalieria* 相对丰度大于膜下滴灌处理，而 20～40 cm 土层浅埋滴灌以上菌属相对丰度均小于膜下滴灌；20～40 cm 土层浅埋滴灌 *Pseudomonas* 相对丰度大于膜下滴灌处理，而类诺卡氏属、SWB02、*Marmoricola*、*Nordella* 相对丰度均小于膜下滴灌。

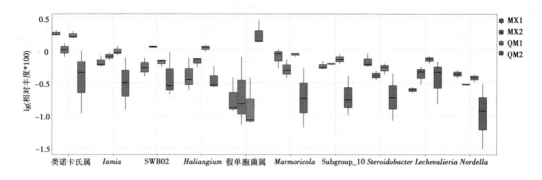

图 3-13　优势差异物种在组内丰度及组间比较

3.4.3　讨论

土壤微生物特性受灌溉调控[111]；本研究中 0~20 cm 土层，相同灌水量下，浅埋滴灌（除了 QM50.1）细菌 OTU 数大于膜下滴灌；20~40 cm 土层膜下滴灌细菌 OTU 数大于浅埋滴灌；随着灌水量的降低，膜下滴灌和浅埋滴灌细菌 OTU 均降低。0~20 cm 土层中与膜下滴灌相比，浅埋滴灌增加了与速效磷和速效氮含量正相关[112]的 *Iamia*，对多环芳烃降解作用[113]、土壤有益菌粘细菌[114]、参与反硝化[115]的 Haliangium，Sub-group_10，Lechevalieria 相对丰度，而 20~40 cm 土层浅埋滴灌降低与香蕉枯萎病病情指数呈显著负相关的[116-118]、抑制 Fol 引起的枯萎病的关键微生物[119]，降低与有机质和速效养分含量呈极显著正相关[120]的、与 pH 值呈极显著负相关的、与全盐含量无显著相关性[120]的类诺卡氏属相对丰度，降低 SWB02、*Marmoricola* 和 *Nordella* 的相对丰度。

两种滴灌方式差异效果影响较大的物种不同，MX1 中有对重金属的耐受性强的[121]、对微塑料具有耐受性和降解性[122]的 Nocardioidaceae，在高盐度条件下保持较高物种占比的同时对有机污染物进行有效去除[123]的丙酸杆菌目（Propionibacteriales），加速碳降解菌[124]Propionibacteriales，中度嗜盐菌[125]、具有较强酯酶活性[126]的 Planococcaceae（动球菌科）、Entoloma；膜下滴灌土壤中富集上述菌群。QM1 中富集了以下有益微生物：如根际偏好性的[127]、根际土壤中占主导地位的[128]、具有锰氧化能力的[129]全噬菌纲（Holophagae）的微生物，在氮转化进程中扮演重要角色的[130]Thermoanaer-obaculaceae，低浓度（0.5 mg/kg）硒处理土壤中富集的[131]、对水解和利用复杂有机质至关重要[132]的 Microtrichales，在碳酸盐岩石中相对丰度较高的[133]、与香蕉枯萎病发病率呈显著负相关关系[134-135]的土壤红杆菌目（Solirubrobacterales）的微生物，具有高的适应潜力和广的猎物谱的[136]、在磷输入条件下更喜欢根源碳的[137]、细菌生态网络的重要组成部分[136]——捕食性细菌黏细菌目（Myxococcales），分泌葡糖淀粉酶冷适应酶的[139]植物根系深色有隔内生真菌[140]。

3.4.4　结论

0~20 cm 土层，相同灌水量下，浅埋滴灌细菌 OTU 数大于膜下滴灌；20~40 cm 土层中相反。随着灌水量的降低，两种滴灌模式细菌 OTU 均降低。三个灌水量中，50% 灌水量下 2 种滴灌方式微生物相对丰度差异较大，膜下滴灌降低了耕层土壤微生物网络的稳定性。浅埋滴灌方式土壤中富集了与有机质与速效养分含量显著正相关的菌群，富集了根际偏好性的、植物根际土壤中占主导的、在氮转化进程中扮演着重要角色的菌群。膜下滴灌富集了对微塑料具有耐受性和降解性、在高盐度条件下保持较高物种占比的菌群。

3.5　节水减氮对玉米秸秆还田土壤细菌多样性的影响

针对西辽河平原灌区农业生产中水资源短缺和农业氮肥施用过量问题，探索水氮耦合对连作玉米田土壤细菌多样性的影响。连续 3 年以传统畦灌常规施氮为对照，采用大田裂区试验，以灌水量为主区，分别设传统畦灌常规灌量 40%（1600 m³/hm²）、常规灌量 50%（2000 m³/hm²）、常规灌量 60%（2400 m³/hm²），副区为施氮水平，分别为常规施量 50%（150 kg/hm²）、常规施量 70%（210 kg/hm²）、常规施量（300 kg/hm²），研究浅埋滴灌下水氮减量对土壤细菌多样性的影响。结果表明，施入氮磷钾肥或施钾和磷肥均提高细菌 OTU 数；与传统畦灌常规施氮比，低水（W1）中高氮、中水（W2）低氮高氮处理均增加细菌 OTU 数。较传统畦灌，浅埋滴灌降低 Proteobacteria 和芽单胞菌门相对丰度，增加拟杆菌门相对丰度，而放线菌门相对丰度相当。灌水量和施氮量均影响土壤细菌对施氮量和灌水量的响应；不同灌水量下，施氮量对厚壁菌门、放线菌门、拟杆菌门的影响较大，对溶杆菌属和乳酸杆菌属的影响较大，W1 水平下受到影响的细菌属最多；对 *Minimedusa*、被孢霉属（*Mortierella*）、外瓶霉属（*Exophiala*）、镰刀菌属（*Fusarium*）、耐冷酵母（*Guehomyces*）、枝顶孢属（*Acremonium*）、*Leptosphaeria*、*Thelebolus* 的影响较大；灌水量对细菌群落组成的影响大于氮的影响；灌水量 2000 m³/hm²，施氮量 210 kg/hm² 处理增强了微生物的稳定性。

氮肥是优化作物短期产量的关键[141]，氮的有效性是土壤碳循环和储存的关键控制因素[142]。连作玉米田土壤有机碳储存率随着施氮量的增加而增加，最佳施氮量时达到最大值[141]。过量施氮会影响西北旱地土壤有机碳、氮的组成与数量，进而改变土壤供氮能力[143]。玉米产量对氮素的响应与灌水量相关，水分亏缺下，产生最大产量需要的氮素用量随之降低[144]。滴灌施肥较传统施肥更为精准地将肥水输送至作物的根区，减少肥料的用量，降低土壤水分和养分深层渗漏带来的环境风险[145]；较低灌溉频率的浅埋滴灌增加湿润土壤的体积，但未显著增加植物根系下方的渗水量[146]。浅埋滴灌是节水高产新技术，2021年入选全国主推农业技术，累计推广面积2万多平方千米；浅埋灌溉可减少耗水量，提高灌溉水利用效率[147]；滴灌可解决缺乏排水设施的、受盐影响的农田盐度/排水问题[148]；浅埋滴灌灌溉水的盐分对土壤盐分没有显著影响[146]；浅埋滴灌75%的灌溉水平并没有降低玉米产量，与充分灌溉相比节省25%的水分[149]；滴灌与分次施氮肥提高了氮肥利用率和灌溉水利用效率[150-151]。现有的研究基本聚焦水分和养分利用效率；利用微生物多样性指标更好地理解土壤功能的未来方向[152]；土壤氮的有效性可能是通过改变微生物群落组成来调节微生物对降水变化的响应[153]；氮有效性的变化可影响微生物生物量动态[142]。不同氮素浓度和水分条件下土壤微生物和生化性状不同[154]，过量施氮显著提高西北旱地0~20 cm、20~40 cm土层土壤微生物量氮含量[143]，过量施化肥可造成土壤微生物性状和生化功能衰减[155]。在缺氮胁迫下土壤微生物群落具有更高的α多样性[156]。施氮量及灌水量过高或过低均不利于好气性自生固氮菌繁殖[157-158]；水氮耦合对土壤微生物的多样性及活性的影响是复杂的。本节探索节水减氮对土壤微生物的影响，企图通过研究微生物多样性变化为高效农业管理措施提供依据。

3.5.1　材料与方法

3.5.1.1　试验地区与试验地自然概况

试验于2017—2019年在通辽市科尔沁区农业高新科技示范园区（43°36′N，122°22′E）进行，海拔180 m，年平均气温6.8 ℃，≥10 ℃的活动积温3200 ℃，平均无霜冻期为154天，年均降水量为390 mm，试验地土壤为灰色草甸土；2017—2019年试验地播前耕层（0~20 cm）土壤有机质量18.52~19.63 g/kg，碱解氮量50.81~52.26 mg/kg，速效磷量11.35~13.20 mg/kg，速效钾量110.83~118.69 mg/kg。

表3-20　2017—2019年生育期内降水量　　　　　单位：mm

年份	5月	6月	7月	8月	9月	总量
2017	37.4	73.0	106.5	162.4	14.1	393.4
2018	34.0	66.4	96.9	147.7	14.6	359.6
2019	90.1	88.7	56.6	155.8	15.3	406.5

3.5.1.2　试验设计

试验以浅埋滴灌常规施氮（CK1，水4000 m³/hm²、氮300 kg/hm²）、传统畦灌常规施氮（CK2，水4000 m³/hm²、氮300 kg/hm²）、浅埋滴灌不施氮肥（CK3，水4000 m³/hm²）、浅埋滴灌无肥（WF，水4000 m³/hm²）为对照，裂区设计，滴灌定额为主处理，分别为传统畦灌常规灌量40%（W1，1600 m³/hm²）、常规灌量50%（W2，

2000 m³/hm²）、常规灌量 60%（W3，2400 m³/hm²）3 个水平；施氮水平为副处理，分别为设常规施量 50%（N1，150 kg/hm²）、常规施量 70%（N2，210 kg/hm²）、常规施量（N3，300 kg/hm²）3 个水平；水氮组合 W1N1、W1N2、W1N3、W2N1、W2N2、W2N3、W3N1、W3N2、W3N3、CK1、CK2、CK3、WF 共 13 个处理。氮素为尿素（含氮量为 46%），结合灌溉分别在拔节期、大喇叭口期、吐丝期按 3：6：1 比例追施。各处理均基施磷酸二铵（18-46-0）195 kg/hm²，硫酸钾（0-0-50）90 kg/hm²，3 次重复，共 39 个小区，小区面积 72 m²（10 m×7.2 m），小区处理之间埋设 100 cm 深的地膜防止水肥互相渗透。供试品种为农华 101，采用大小垄（40 cm、80 cm）种植，密度为 7.5 万株/公顷²，滴灌带埋深 3~5 cm，2017 年 5 月 2 日播种，同年 10 月 4 日收获；2018 年 4 月 28 日播种，同年 10 月 2 日收获。2019 年 5 月 1 日播种，同年 10 月 1 日收获；生育期内根据土壤持水情况灌溉（见表 3-21）。

表 3-21　不同生育期灌溉频次及灌水量

| 处理 | 灌水量（m³·hm⁻²）/灌溉频次（次） | | | | | 灌溉总次数（次） | 灌溉定额/（m³·hm⁻²） |
	播种—出苗	拔节期	抽雄—吐丝	吐丝—灌浆	灌浆—成熟		
W1	550/1	490/2	200/1	300/2	60/1	7	1600
W2	550/1	670/2	270/1	430/2	80/1	7	2000
W3	550/1	850/2	350/1	550/2	100/1	7	2400
CK/WF	550/1	1150/1	1150/1	1150/1	—	4	4000

3.5.1.3　测定项目与方法

与第 2 章 2.4 节相同。

3.5.1.4　数据处理

与第 2 章 2.4 节相同。

3.5.2　结果与分析

3.5.2.1　浅埋滴灌下水氮减量对土壤细菌 OTU 数的影响

从图 3-14 可知，各处理细菌共有 OTU 数 1060，W2N1 的细菌 OTU 数最大；WF、CK1、CK2、CK3 组特有 OTU 数为 3719、3787、3946 和 3982，浅埋条件下无肥 OTU 数最少，施入氮磷钾肥或施钾和磷肥均提高细菌 OTU 数；施肥量相同条件下，传统畦灌常规施氮细菌 OTU 数大于浅埋滴灌常规施氮处理。W2 和 W3 水平下，随着施氮量的增加，OTU 数呈逐渐降低的趋势，均为 N1 施肥量处理细菌 OTU 数大于 N2 和 N3；而 W1 水平下，N2 细菌 OTU 数大于 N3 和 N1。

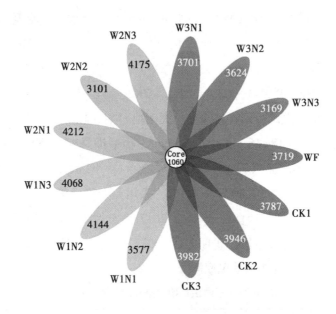

图 3-14　试验样品中细菌 OTU 数量

3.5.2.2　浅埋滴灌下水氮减量对土壤细菌群落组成的影响

从图 3-15 可知，在门水平下，随着施氮量的降低，W3 组土壤细菌相对丰度增加的类群有变形菌门、芽单胞菌门、酸杆菌门，降低的类群有拟杆菌门、厚壁菌门，而放线菌门相对丰度较稳定；随着施氮量的降低，W2 组放线菌门和芽单胞菌门相对丰度较稳定；W2N3 与 W2N1 的变形菌门、厚壁菌门和放线菌门相对丰度无差异，均高于 W2N2 中的相对丰度；而拟杆菌门的相对丰度在 W2N2 中最高。随着施氮量的降低，W1 组变形菌门相对丰度较稳定，芽单胞菌门和酸杆菌门相对丰度降低，厚壁菌门相对丰度增加；放线菌门和拟杆菌门相对丰度在 W1N1 和 W1N3 处理中无差异，且放线菌门相对丰度均高于 W1N2，拟杆菌门相对丰度均低于 W1N2。随着灌水量的降低，N3 组芽单胞菌门和酸杆菌门相对丰度增加，拟杆菌门和厚壁菌门相对丰度降低，变形菌门相对丰度大小为 W2N3>W3N3>W1N3；W1N3 与 CK2 细菌相对丰度无差异。随着灌水量的降低，N2 组芽单胞菌门和酸杆菌门相对丰度较稳定；拟杆菌门和厚壁菌门相对丰度降低，变形菌门相对丰度增加。N1 水平下，随着灌水量的降低，变形菌门、拟杆菌门、芽单胞菌门和酸杆菌门相对丰度较稳定；放线菌门相对丰度增加，厚壁菌门相对丰度在 W1N1 和 W3N1 中无差异，均高于 W2N1。CK3 与 WF 比，变形菌门和酸杆菌门相对丰度降低，放线菌门和芽单胞菌门相对丰度相同，拟杆菌门和厚壁菌门相对丰度增加；CK1 与 CK3 比，变形菌门、芽单胞菌门和酸杆菌门相对丰度增加，拟杆菌门和厚壁菌门相对丰度降低；CK1 与 CK2 比，放线菌门相对丰度无差异，变形菌门和芽单胞菌门相对丰度降低，拟杆菌门、厚壁菌门和酸杆菌门相对丰度增加。与 CK2 比较，浅埋滴灌水氮减量处理降低变形菌门相对丰度，增加拟杆菌门和厚壁菌门相对丰度，放线菌门、芽单胞菌门和酸杆菌门相对丰度无差异。

在属水平下，随着施氮量的降低，W3 组 Ellin6055、降解菲的 *Terrimonas* 和乳酸杆菌属相对丰度增加，拟杆菌属和溶杆菌属相对丰度降低，WF 中显著降低拟杆菌属相对丰度，降低溶杆菌属和 Kosakonia 相对丰度；鞘氨醇单胞菌相对丰度与 WF 的无差异，其余处理中 W3N3>W3N2>W3N1；其余菌属相对丰度较稳定。随着施氮量的降低，W2 组鞘氨醇单胞菌和溶杆菌属相对丰度降低，Dongia 相对丰度增加，乳酸杆菌属相对丰度在 W2N2 中高于 W2N3 和 W2N1，其余菌属相对丰度较稳定。随着施氮量的降低，W1 组拟杆菌属、溶杆菌属和 Dongia 相对丰度降低；Ellin6055、类诺卡氏属、促进植物生长的 Kosakonia 和乳酸杆菌属相对丰度增加；鞘氨醇单胞菌相对丰度 W1N2 中较低，而 Acidibacter 相对丰度 W1N2 中较高，W1N3 与 W1N1 中均无差异；其余菌属相对丰度无差异。

随着灌水量的降低，N3 组鞘氨醇单胞菌相对丰度逐渐增加，W3N3 与 W2N3 无差异；拟杆菌属、溶杆菌属和 Ellin6055 相对丰度降低，其中，CK2 中溶杆菌属相对丰度比 W2N3 和 W1N3 的大；Dongia 和 MND1 相对丰度无变化；W3N3 中未出现 Terrimonas 菌属，其余三个处理中的相对丰度无差异。随着灌水量的降低，N2 组鞘氨醇单胞菌和溶杆菌属相对丰度逐渐降低，W2N2 与 W1N2 无差异；拟杆菌属相对丰度显著降低，W1N2 中 Acidibacter 的相对丰度明显高于 W2N2 和 W3N2。N1 组 Ellin6055 未出现；鞘氨醇单胞菌相对丰度为 W3N1>W1N1>W2N1；溶杆菌属相对丰度为 W1N1>W3N1>W2N1；Dongia 相对丰度在 W2N1 中最大，W3N1 与 W1N1 无差异；随着灌水量的降低，拟杆菌属相对丰度逐渐降低。与 CK2 比较，浅埋滴灌水氮减量处理（除了 W3N1 和 W3N2 外）均降低鞘氨醇单胞菌相对丰度，W3N3 和 W3N2 中新出现拟杆菌属，其余菌属相对丰度无差异。

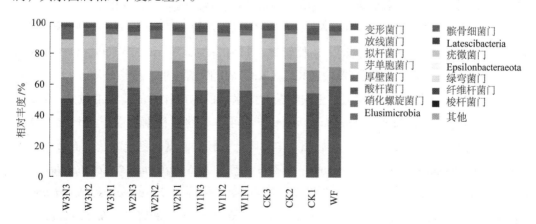

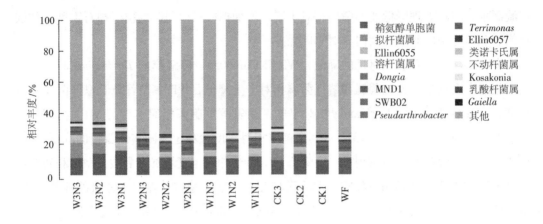

图3-15　土壤细菌门和属水平上的分类组成及分布（2）

3.5.2.3　浅埋滴灌下土壤细菌差异物种分析

从图3-16横向聚类结果看，链球菌属（Streptococcus）、固氮螺菌属（Azospirillum）、不可培养的绿弯菌、乔治菌属（Georgenia）、卢得曼氏菌属（Luedemannella）距离较近，枝长较短；Fontimonas、不可培养的亚硝化单胞菌、Pseudarthrobacter、杆状孢囊菌属（Virgisporangium）、Aquicella、metagenome、红色杆菌属（Rubrobacter）、慢生根瘤菌（Bradyrhizobium）、Lacihabitans、Nibribacter、Permianibacter、鱼孢菌属（Sporichthya）距离较近，枝长较短；纤维单胞菌属（Cellulomonas）、双歧杆菌属（Bifidobacterium）、Dokdonella、玫瑰单胞菌（Roseomonas）、不可培养的拟杆菌、Jatrophihabitans、藤黄单胞菌（Luteimonas）、［Agitococcus］_lubricus_group、GKS98_freshwater_group距离较近，枝长较短；艾德昂菌属（Ideonella）、小链孢菌属（Catellatospora）、Immundisolibacter、Capnocytophaga、泉发菌属（Crenothrix）、Sulfurovum、Alicycliphilus、Hoeflea、Methyloceanibacter、军团菌属（Legionella）、possible_genus_04、Asanoa距离较近，枝长较短；说明这些物种在各样品间的组成较相似。

纵向聚类结果看，W3N3、W3N2、W3N1距离较近，枝长较短，归为一类；W2N2、W2N3、W2N1距离较近，枝长较短，归为一类；W1N2、W1N3、W1N1距离较近，枝长较短，归为一类；CK1、CK2、CK3、WF距离较近，枝长较短，归为一类；说明这些样品组成及丰度较相似，土壤细菌对灌水量的响应比对氮肥量的敏感。W3水平下，随着施氮量的降低，Jatrophihabitans、不可培养的拟杆菌相对丰度增加，Dokdonella、纤维单胞菌属、双歧杆菌属相对丰度降低；相对丰度较稳定的菌群有藤黄单胞菌属、［Agitococcus］_lubricus_group；W3N3中新出现Sulfurovum、Alicycliphilus、Legionella、Luedemannella，而高效降解几种有机磷农药的[18]Roseomonas、Sporichthya、Lacihabitans、Georgenia菌群消失。W2水平下，随着施氮量的降低，Sulfurovum、Immundisolibacter、Roseomonas和Ideonella相对丰度降低，Capnocytophaga相对丰度增加，Crenothrix较稳定，Legionella、Catellatospora相对丰度先降低后增加；N3新出现

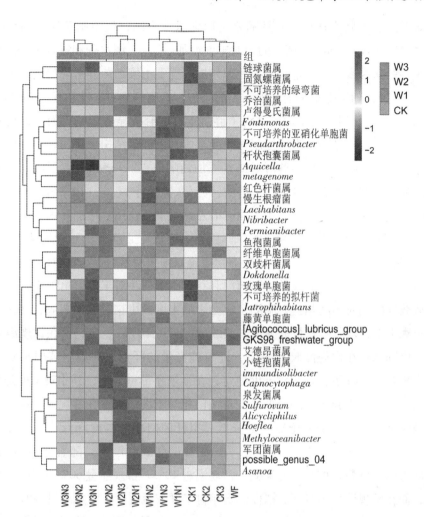

图 3-16　细菌差异物种丰度热图

菌群为 *metagenome* 和 *Virgisporangium*，而 *Asanoa* 和 *Legionella* 菌群消失。W1 水平下，随着施氮量的降低，*Permianibacter*、*Rubrobacter*、*metagenome*、*Fontimonas* 和 uncultured_Nitrosomonadaceae_bacterium 相对丰度降低，*Sporichthya*、*Virgisporangium* 相对丰度增加，*Lacihabitans* 和 *Pseudarthrobacter* 相对丰度较稳定；N3 新出现菌群为 *Legionella*、*Ideonella*、*Dokdonella*、*Aquicella* 和链球菌属，而 *Rubrobacter* 和 *Nibribacter* 菌群消失；N2 中新出现〔Agitococcus〕_lubricus_group 和 *Luedemannella*。

3.5.3　讨论与结论

土壤微生物特性受灌溉调控，并且与土壤 C、N 养分的循环转化关系密切[111]；河套灌区 900 m^3/hm^2 的灌溉定额最有利于盐渍土壤细菌和放线菌繁殖，1125 m^3/hm^2 的灌溉定额最有利于真菌繁殖[159]。在高含水量条件下，设施菜田土壤细菌群落的 Shannon、

Ace 和 Chao1 指数极显著升高，并且随着土壤含水量升高，气单胞菌属（*Aeromonas*）和黄杆菌属（*Flavobacterium*）菌属的相对丰度增加[160]。土壤水分和氮含量是微生物群落结构的主要驱动因素，高水量和常氮处理只提高温室土壤细菌群落均匀性，未提高细菌群落多样性[161]；随着降水量的增加和氮的添加，真菌的相对丰度和真菌/细菌比率显著降低[162]；水分变化对荒漠草原土壤真菌群落丰富度有极显著影响，而水氮处理对真菌群落多样性的影响不显著，水氮控制可改变土壤真菌群落结构，且两者存在明显的交互作用，水分变化影响土壤真菌群落对氮素添加的响应[158]；浇水改变了沙漠灌丛土壤微生物的耐逆性，施肥改变了微生物群落的营养/寡营养特性[163]。内蒙古自治区典型半干旱地区降水量的增加在提高微生物活性方面发挥了重要作用；增加降水量可减轻氮对微生物群落组成的影响[162]。补水和施氮显著影响了人工草地土壤微生物群落的活性[164]；本研究中相同施氮量下，传统畦灌常规施氮细菌 OTU 数大于浅埋滴灌常规施氮处理。较传统畦灌，浅埋滴灌降低变形菌门和芽单胞菌门相对丰度，增加拟杆菌门相对丰度，而放线菌门相对丰度相当。滴灌定额会影响土壤微生物对氮的响应，在常规灌量50%和60%水平下，随着施氮量的降低，放线菌门相对丰度较稳定，而在常规灌量40%时其相对丰度降低；在常规灌量60%下，随着施氮量的降低，芽单胞菌门相对丰度增加，而在常规灌量50%下，其相对丰度稳定，在常规灌量40%下，其相对丰度降低；在常规灌量60%下，随着施氮量的降低，变形菌门相对丰度增加，在常规灌量40%下较稳定；在常规灌量60%下，随着施氮量的降低，拟杆菌门相对丰度降低，而在常规灌量40%和50%水平下，均高于 N1 和 N3 水平。在参试灌溉额度下，随着施氮量的降低，防治植物病害的溶杆菌属相对丰度降低；常规灌量40%、常规灌量60%下降低拟杆菌属相对丰度，而在常规灌量50%下，拟杆菌属相对丰度较稳定；在常规灌量60%下，鞘氨醇单胞菌对氮肥无响应；在常规灌量50%下，随着施氮量的降低，在鞘氨醇单胞菌相对丰度降低；常规灌量40%下，鞘氨醇单胞菌相对丰度 W1N2 中最低。施氮量也会影响土壤微生物对灌水量的响应，随着灌水量的降低，常规施氮量下，芽单胞菌门和酸杆菌门相对丰度增加，常规施氮量和常规施氮量70%下，拟杆菌门相对丰度降低，常规施氮量70%下，变形菌门相对丰度增加，常规施氮量50%下其相对丰度稳定，常规施氮量下增加。

施肥影响微生物群落的功能和组成[165]。内蒙古自治区河套灌区玉米的适宜施氮量为280.11 kg/hm²，土壤微生物出现峰值且增加的效应最显著[166]；常规裸地栽培玉米施肥方式只要含 N，是否含 P、K 对土壤微生物的影响不明显[167]，黑土区玉米田单施氮磷措施不能改善土壤细菌和真菌群落的多样性、均匀性及优势菌优势程度；但改变土壤细菌和真菌群落的构成，且真菌群落的变化更为显著[168]。玉米田磷和钾共同施用促进了土壤细菌数量，无机肥的施用改变了土壤微生物的群落结构[169]；单施氮肥、氮钾磷肥共施，钾肥与磷肥共施处理均增加玉米生育期内土壤放线菌和真菌占比的变化幅度[169]；化肥减量处理能提高真菌生态网络规模和群落互作，真菌群落之间具有较为紧密的协同合作关系[170]。单施化肥可显著提高土壤的微生物量碳[171]，土壤微生物对节水减氮农业措施的响应与水氮之间及食物网内各类群之间的复杂交互作用有关[172]。而在本研究中，浅埋滴灌下无肥细菌 OTU 数最少，施入氮磷钾肥或施钾和磷肥均提高细菌 OTU 数；施磷钾肥增加拟杆菌门相对丰度，降低变形菌门相对丰度，对放线菌门和芽单胞菌门无影响；施入氮肥后，变形菌门和芽单胞菌门相对丰度增加，拟杆菌门相对丰度降低。优化施氮水平与氮循环相关的固氮菌罗思河小杆菌属（*Rhodanobacter*）和慢生根瘤菌属（*Bradyrhizobium*）的相对丰度高于常规施氮水平[173]，本研究中常规灌量 50% 和常规灌量 60% 组合与其他组合的差异物种也属于这两种菌属；施氮量及灌水量过高或过低都不利于好气性自生固氮菌繁殖，而嫌气性自生固氮菌数量及 pH 值随着灌水量的增加而增加，施氮量对嫌气性自生固氮菌数量无规律性的影响[157]；高水高氮处理下鉴定出的属只有卢德曼氏菌属（*Luedemannella*）一种[174]，本研究只有 N3 组合中出现了卢德曼氏菌属。课题组的前期研究结果表明，浅埋滴灌下优化追氮（70% 常量追氮）降低了西辽河平原农田生态系统碳、氮排放，提高了碳效率和氮投入有效利用水平[175]，在自然降水下灌水量为 1958.40 ～ 2228.00 m³/hm²，施氮量为 209.34 ～ 275.70 kg/hm²，密度为 67350 ～ 78150 株/hm² 时，产量可达 12000 ～ 12716.82 kg/hm²[176]。本研究中，随着施氮量的降低，灌水量 1600 m³/hm² 和 2400 m³/hm² 组相比，灌水量 2000 m³/hm² 组放线菌门和芽单胞菌门相对丰度较稳定，高氮与低氮处理的变形菌门、厚壁菌门和放线菌门相对丰度无差异；细菌在表土中具有较强的拮抗作用，竞争和环境过滤均影响细菌群落的丰度、组成和编码基因功能，土壤细菌比真菌更能抵抗矿物施肥干扰[165]，生物间的相互作用会改变微生物群落[177]；本研究中灌水量对细菌群落组成的影响大于氮对它的影响；灌水量 2400 m³/hm² 组中拟杆菌门、厚壁菌门相对丰度降低，可构成陆生植物丛枝菌根的球囊菌（*Glomeromycota*）相对丰度降低；灌水量 1600 m³/hm² 组中壶菌门（*Chytridiomycota*）消失；灌水量 2000 m³/hm²，施氮量 210 kg/hm² 处理增强了微生物网络的稳定性，浅埋滴灌形成的土壤水分分布会改变氮循环微生物组成，影响亚硝化细菌和反硝化细菌生物量，影响根系-土壤-微生物的交互作用；浅埋滴灌根区环境利于增强根系-土壤-微生物的交互作用[178]；从而提高碳效率和氮投入有效利用水平，增加玉米产量。

3.6　秸秆还田年限对土壤细菌多样性的影响

秸秆还田是培肥地力、改良土壤的重要措施。针对西辽河平原灌区春玉米区，玉米长期连作条件下导致的耕层变薄、土壤次生盐渍化等土壤退化问题，本研究采用田间定位试验的方法，研究了连续多年（8 年、5 年、2 年）秸秆旋耕还田条件下对土壤微生物的影响。结果表明，秸秆还田土壤中最丰盛的细菌类型为变形菌门，其次为放线菌门、芽单胞菌门、拟杆菌门；属水平上鞘氨醇单胞菌、溶杆菌属、*Hannaella* 相对丰度先上升后下降，而 *Leptosphaeria* 和 *Monodictys* 相对丰度变化规律相反；*Pseudarthrobacter*、镰刀菌属相对丰度下降，*Gaiella* 相对丰度较稳定；耐冷酵母相对丰度增加；并且细菌相对丰度拐点出现在秸秆还田 5 年后。随着秸秆还田年限的增加，土壤细菌多样性降低；秸秆还田与秸秆不还田土壤的差异物种有 *Aquicella*、*Fusicolla* 和 *Spizellomyces*；可推测，秸秆还田增加土壤氮和钾含量，减少病害；从微生物多样性角度分析，试验区适宜秸秆还田年限为 5 年，5 年后秸秆还田量适当降低。

秸秆还田被认为是改善土壤健康和提高农业生产力的潜在策略[179]；土壤有机质的一个首要来源是秸秆还田，占有机质输入的 65% 以上[180]；秸秆还田技术是世界各国土壤固碳和促进土壤有机碳（SOC）的重要措施之一[181]。在 10 年的秸秆覆盖时间里，稻草还田后大约 33% 的 C 被封存在土壤中，秸秆覆盖土壤中大团聚体 SOC 含量高于微团聚体[182]，秸秆还田主要影响土壤大团聚体[183]。水稻秸秆还田 1～8 年，随着水稻秸秆还田年限的增加，SOC 和全氮含量逐渐提高，但增幅逐渐减小[184]。黑土秸秆深还 1 年、3 年、5 年试验中，随秸秆深还年限增加，SOC 含量显著提高[84]；当水稻秸秆还田年限 6 年以上，土壤碳氮固存量的增幅明显降低[184]。秸秆还田年限 0，3，4，5，6，7，8，9 年范围内，短期秸秆还田（5 年以内）对土壤团聚体稳定性的改善效果不显著[185]，而在 L Q Xiu 等[183]的研究中，秸秆还田使土壤团聚体稳定性显著提高；长期和短期秸秆还田均对活性有机碳的提升效果显著[185]。长期的玉米秸秆翻埋还田（8 年、6 年、4 年）显著提高了土壤田间持水量、土壤孔隙度和全氮、全磷含量，以及速效氮、速效磷、速效钾含量，降低 0～20 cm 深度的土壤容重[186]；秸秆和腐熟秸秆还田有利于增强胡敏酸（HA）的活性[187]，秸秆还田增加了中国北方地区集约型农业生态系统的碳封存[188]，长期秸秆还田有利于土壤对氮的吸附[189]；秸秆深还 3 年试验中，秸秆深还 1 年后显著提高了土壤和腐殖质各组分有机碳含量，亚表层累积效果更明显[190]；1 年秸秆还田和 5 年秸秆还田，短期全量秸秆还田有助于降低总体温室气体排放，长期进行秸秆还田后降低幅度会逐步减小[191]。秸秆还田有利于土壤腐熟化并提高土壤地力，且土壤肥力随还田年限的增加而增加[192]；而在 15 年大豆-玉米种植制度下，长期秸秆还田降低了土壤有机质的腐殖化程度[193]；秸秆还田的适宜年限为 6～9 年，超过 10 年则会使 SOC 降低 17.06%～20.05%，环境和田间管理影响秸秆还田，其中，土壤质地和初始 SOC 含量是主要的限制因素[194]。由于秸秆坚硬的结晶结构和顽固的组分，秸秆还田后在土壤中缓慢分解；秸秆残留物在土壤中大量积累，对作物种植造成不利影响[195]。随着还田年限的增加，土壤养分供应能力逐渐上升，秸秆还田的不利影响也逐渐减小[196]；水稻秸秆全量还田 1～3 年的产量低于不还田处理，水稻秸秆全量还田 4～7 年处理的籽粒产量高于不还田处理[196]；秸秆深还 1 年后，玉米产量增加 6.25%，深还 3 年后，产量增量最小，仅增产 2%，呈下降趋势[197]。连续 3 年、6 年及 9 年秸秆还田的连作玉米随还田年限增加呈显著增产的趋势[198]；玉米秸秆还田 2 年、3 年和 4 年期间，秸秆还田有利于玉米的基础生理代谢更高效的进行，为玉米产量的提高奠定基础[199]；随着还田年限的增加，玉米的基础生理代谢酶活性差异更显著[199]。目前的研究主要集中在多年秸秆还田对土壤有机碳、土壤团聚体、作物产量的影响方面；长期的玉米秸秆翻埋还田（8 年、6 年、4 年）显著提高了根际土壤细菌、真菌、放线菌、自生固氮菌、硝化细菌、纤维素分解菌数量[194,200]，秸秆还田 8 年和 6 年处理真菌物种的丰度得到明显提高，而细菌物种丰度无显著影响[194]；秸秆深还（1 年、3 年、5 年）均增加了细菌的多样性和丰富度[84]；秸秆还田 2 年、3 年和 4 年均使得土壤微生物数量在玉米生育期内下降幅度减小[199]；高施矿物肥料加上秸秆还田降低了细菌的多样性[201]；我国秸秆利用方式在地区间的差异、秸秆还田对我国不同地区 SOC、土壤微生物的影响研究结果不同。土壤有机质（SOM）的积累更多地是由不同的微生物群落驱动的[202]。土壤团聚体内部所包含的碳被认为微生物加工的，土壤团聚体被认为好氧生物合成微生物过程的副产物[203]。本试验基于西辽河平原井灌玉米连作区玉米秸秆连续还田 2 年、5 年、8 年的定位试验，探索多年秸秆还田对土壤微生物多样性的影响，为冷凉地区玉米秸秆还田提供理论依据。

3.6.1　材料与方法

3.6.1.1　试验区自然概况

2013—2021 年试验在通辽市科尔沁现代农业科技园区进行，平均海拔高度 167 m，温带大陆性季风气候，年平均气温 7.1 ℃，无霜期 149 天。试验地 0~20 cm 耕层有机质含量 12.02 g/kg，速效氮含量 51.71 mg/kg，速效钾含量 113.19 mg/kg，速效磷含量 27.4 mg/kg，0~20 cm 土壤平均容重为 1.58 g/cm³，土壤为灰色草甸壤土。

3.6.1.2　试验过程与田间管理

玉米秸秆年均还田量为 9000 kg/hm²（约为 1 hm² 旱地玉米的秸秆量），秸秆粉碎（3~5 cm）秋季还田 2 年（H2）、5 年（H5）、8 年（H8），与秸秆还田前的初始玉米连作土壤为对照，设置 4 个处理；玉米品种为农化 101，种植密度 75000 株/hm²，底施磷酸二铵（18-46-0）270 kg/hm²，硫酸钾（0-0-50）90 kg/hm²。追施尿素 450 kg/hm²，分别在拔节期、大喇叭口期、吐丝期按 3∶6∶1 比例施用。

3.6.1.3　样品采集、测定项目及方法

玉米收获期，采用 S 形 15 点取样法，采集 0~15 cm、15~30 cm、30~45 cm 3 个土层的土壤样品，每一种土样取样量约 100 g，装入已灭菌的自封袋中置冰盒带入实验室进行土壤总 DNA 提取。土壤总 DNA 提取方法及 16S r DNA 测序与第 2 章 2.5 节相同。

3.6.1.4　数据处理

与第 2 章 2.5 节相同。

3.6.2　结果与分析

3.6.2.1　秸秆还田年限对土壤细菌操作分类单元数的影响

从图 3-17 可知，各处理共有的细菌 OTU 数为 2017，随着秸秆还田年限的增加，各处理特有 OTU 数呈降低的趋势；CK 与 H2、CK 与 H5、CK 与 H8、H2 与 H5、H5 与 H8、H2 与 H8 共有细菌 OTU 数分别为 3352、3202、2846、3165、2821、2789；随着秸秆还田年限的增加，各处理共有细菌 OTU 数减少。

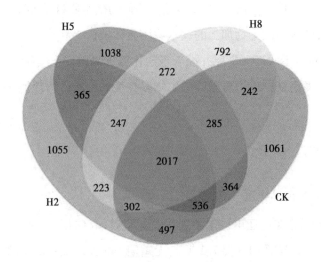

图 3-17　不同处理土壤中细菌 OTU 数

3.6.2.2　不同秸秆还田年限土壤细菌分布分析

由图 3-18 可知，各处理土壤中细菌变形菌门、放线菌门、芽单胞菌门、拟杆菌门、酸杆菌门相对丰度较大；随着秸秆还田年限的增加，变形菌门相对丰度有所增加，H8 最大；放线菌门相对丰度逐渐下降；芽单胞菌门相对丰度 H2、H5 与 CK 无差异，H8 中降低；拟杆菌相对丰度门无变化；酸杆菌门相对丰度逐渐增加。各处理在属水平上相对丰度较高的细菌有鞘氨醇单胞菌、MND1、*Pseudarthrobacter*、溶杆菌属、*Gaiella*；随着秸秆还田年限的增加，鞘氨醇单胞菌和溶杆菌属相对丰度先增加后下降到 CK 的水平，MND1 相对丰度增加，*Pseudarthrobacter* 相对丰度下降，*Gaiella* 相对丰度无变化。

3.6.2.3 各处理差异物种分析

秸秆还田不同年限土壤中差异微生物不同。从图 3-19 可知，H2 中差异细菌有鞘氨醇单胞菌、溶杆菌属、芽单胞菌属、Ellin6055、Ellin6067、类诺卡氏属、*Massilia*，H5

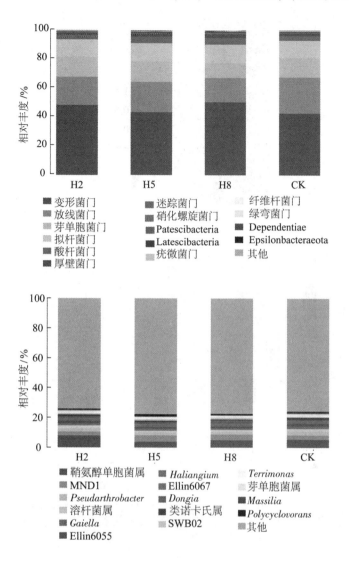

图 3-18　各处理细菌门和属水平的相对丰度

中差异细菌有 MND1、*Haliangium*、*Terrimonas*、*Polycyclovorans*，H8 中优势细菌有 Dongia、SWB02、Ellin6067、MND1，CK 中差异细菌有 *Pseudarthrobacter*、*Gaiella*、Ellin6055、类诺卡氏属、芽单胞菌属、*Massilia*。秸秆还田与还田前秸秆不还田比较，*Iamia*、*Enterobacter*、根瘤杆菌属（*Rhizobacter*）、*Aquicella*、*Enterococcus*、冷杆菌属（*Parafrigoribacterium*）相对丰度大于 CK，而 *Caenimonas*、*Streptomyces*、possible_genus_04、mle1-7 相对丰度小于 CK。

由样品层次聚类分析（图 3-20）可知，CK 与 H2 分支距离较近，H5 与 H8 分支距离较近，说明 CK 与 H2，H5 与 H8 土壤细菌多样性相似。

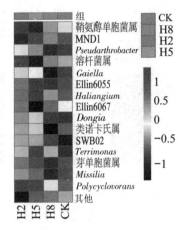

（a）

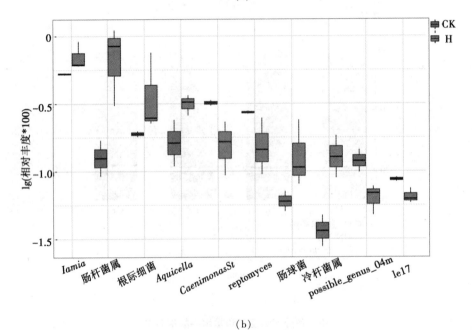

（b）

图 3-19　不同处理差异细菌

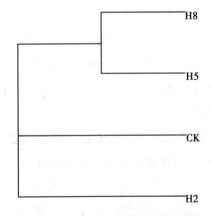

图 3-20　各处理土壤样品 β 多样性分析

3.6.3　结论

随着秸秆还田年限的增加,土壤细菌多样性均有所降低;土壤中最丰盛的细菌类型为变形菌门,其次为放线菌门、芽单胞菌门、拟杆菌门;秸秆还田增加土壤氮和钾含量。

参考文献

[1]　匡恩俊,迟凤琴,宿庆瑞,等.3 种腐熟剂促进玉米秸秆快速腐解特征[J].农业资源与环境学报,2014,31(5):432-436.

[2]　杨丽丽,周米良,邓小华,等.不同腐熟剂对玉米秸秆腐解及养分释放动态的影响[J].中国农学通报,2016,32(30):32-37.

[3]　李春杰,孙涛,张兴义.秸秆腐熟剂对寒地玉米秸秆降解率和土壤理化性状影响[J].华北农学报,2015,30(S1):507-510.

[4]　于建光,常志州,黄红英,等.秸秆腐熟剂对土壤微生物及养分的影响[J].农业环境科学学报,2010,29(3):563-570.

[5]　李国阳,燕照玲,李仟,等.秸秆还田配施肥料及腐熟剂对土壤酶活性及小麦产量的影响[J].河南农业科学,2016,45(8):59-63.

[6]　胡诚,陈云峰,乔艳,等.秸秆还田配施腐熟剂对低产黄泥田的改良作用[J].植物营养与肥料学报,2016,22(1):59-66.

[7]　杨春,李刚,吴永红.不同秸秆腐熟剂品种在翻耕模式下使用效果研究[J].现代农业科技,2015(15):214.

[8]　张静,温晓霞,廖允成,等.不同玉米秸秆还田量对土壤肥力及冬小麦产量的影响[J].植物营养与肥料学报,2010,16(3):612-619.

[9]　岳丹,蔡立群,齐鹏,等.小麦和玉米秸秆不同还田量下腐解特征及其养分释放规律[J].干旱区资源与环境,2016(3):80-85.

[10]　申晓慧.不同玉米秸秆还田量对下茬大豆的影响[J].中国种业,2014(4):34-35.

[11]　蔡丽君,张敬涛,刘婧琦,等.玉米-大豆免耕轮作体系玉米秸秆还田量对土壤养分和大豆产量的影响[J].作物杂志,2015(5):107-110.

[12]　WANG R Z,DORODNIKOV M,YANG S,et al.Responses of enzymatic activities within soil aggregates to 9-year nitrogen and water addition in a semi-arid grassland[J].Soil biology and biochemistry,2015,81:159-167.

[13]　CALDWELL B A.Enzyme activities as a component of soil biodiversity:a review[J].Pedobiologia,2005,49(6):637-644.

[14]　BOWLES T M,ACOSTA-MARTÍNEZ V,LÁLDEÓN F,et al.Soil enzyme activities,microbial communities,and carbon and nitrogen availability in organic agroecosystems

across an intensively - managed agricultural landscape[J]. Soil biology and biochemistry,2014,68:252-262.

[15] 刘丹丹,何璐,赵金辉,等.新型复合生防菌剂对水稻苗床土壤酶活性的影响[J].土壤通报,2015,46(4):895-898.

[16] ZHAO S C,LI K J,ZHOU W,et al.Changes in soil microbial community,enzyme activities and organic matter fractions under long-term straw return in north-central China[J].Agriculture,ecosystems & environment,2016,216(15):82-88.

[17] SARDANS J,PEÑUELAS J,ESTIARTE M.Changes in soil enzymes related to C and N cycle and in soil C and N content under prolonged warming and drought in a Mediterranean shrubland[J].Applied soil ecology,2008,39(2):223-235.

[18] HAO X Y,HE W,LAM S K,et al.Enhancement of no-tillage,crop straw return and manure application on field organic matter content overweigh the adverse effects of climate change in the arid and semi-arid Northwest China[J].Agricultural and forest meteorology,2020,295:108199.

[19] DAI Z J,HU J S,FAN J,et al.No-tillage with mulching improves maize yield in dryland farming through regulating soil temperature,water and nitrate-N[J].Agriculture,ecosystems & environment,2021,309:107288.

[20] SHAKOOR A,SHAHBAZ M,FAROOQ T H,et al.A global meta-analysis of greenhouse gases emission and crop yield under no-tillage as compared to conventional tillage[J].Science of the total environment,2021,750:142299.

[21] SOUZA M,JÚNIOR V M,KURTZ C,et al.Soil chemical properties and yield of onion crops grown for eight years under no-tillage system with cover crops[J].Soil and tillage research,2021,208:104897.

[22] WULANNINGTYAS H S,GONG Y T,LI P R,et al.A cover crop and no-tillage system for enhancing soil health by increasing soil organic matter in soybean cultivation [J].Soil and tillage research,2021,205:104749.

[23] BROWN J L,STOBART R,HALLETT P D,et al.Variable impacts of reduced and zero tillage on soil carbon storage across 4-10 years of UK field experiments[J]. Journal of soils and sediments,2021,21(2):890-904.

[24] SILVA P C G D,TIRITAN C S,ECHER F R,et al.No-tillage and crop rotation increase crop yields and nitrogen stocks in sandy soils under agroclimatic risk[J].Field crops research,2020,258:107947.

[25] BARBOSA F T,BERTOL I,WOLSCHICK N H,et al.The effects of previous crop residue,sowing direction and slope length on phosphorus losses from eroded sediments under no-tillage[J].Soil and tillage research,2021,206:104780.

[26] JABRO J D, ALLEN B L, RAND T, et al.Effect of previous crop roots on soil compaction in 2-year rotations under a no-tillage system[J].Land,2021,10(2):202.

[27] IGNACIO B, JOSÉ M A, JOSÉ D P, et al.Soil management in semi-arid vineyards: combined effects of organic mulching and no-tillage under different water regimes[J]. European journal of agronomy,2021,123:126198.

[28] FILIPE B K, HÉCTOR M, LILIA F P, et al.Influence of edaphic and management factors on soils aggregates stability under no-tillage in mollisols and vertisols of the pampa region,argentina[J].Soil and tillage research,2021,209:104901.

[29] YIN T, ZHAO C X, YAN C R, et al.Inter-annual changes in the aggregate-size distribution and associated carbon of soil and their effects on the straw-derived carbon incorporation under long-term no-tillage[J].Journal of integrative agriculture,2018,17(11):2546-2557.

[30] 董立国,袁汉民,李生宝,等.玉米免耕秸秆覆盖对土壤微生物群落功能多样性的影响[J].生态环境学报,2010,19(2):444-446.

[31] 曹文亮,张丽华,王静.免耕与覆盖对土壤微生物生理类群的影响[J].甘肃农业大学学报,2008,43(6):123-126.

[32] 高云超,朱文珊,陈文新.多点接种方法计数土壤细菌生理类群的研究[J].微生物学通报,2001(4):1-4.

[33] 周子军,郭松,陈琨,等.长期秸秆覆盖对免耕稻-麦产量、土壤氮组分及微生物群落的影响[J].土壤学报,2022,59(4):1148-1159.

[34] 高云超,朱文珊,陈文新.秸秆覆盖免耕土壤细菌和真菌生物量与活性的研究[J].生态学杂志,2001(2):30-36.

[35] 张贵云,吕贝贝,张丽萍,等.黄土高原旱地麦田 26 年免耕覆盖对土壤肥力及原核微生物群落多样性的影响[J].中国生态农业学报(中英文),2019,27(3):358-368.

[36] 张建军,党翼,赵刚,等.留膜留茬免耕栽培对旱作玉米田土壤养分、微生物数量及酶活性的影响[J].草业学报,2020,29(2):123-133.

[37] 王小玲.免耕覆盖有机肥施用对作物产量及土壤微生物群落组成的影响[D].银川:宁夏大学,2019.

[38] DU K, LI F D, QIAO Y F, et al.Influence of no-tillage and precipitation pulse on continuous soil respiration of summer maize affected by soil water in the north China plain[J].Science of the total environment,2020,766:144384.

[39] GÓMEZ R P, AULICINE M B, MÓNACO C I, et al.Impact of different cropping conditions and tillage practices on the soil fungal abundance of a phaeozem luvico[J].

Spanish journal of agricultural research,2015,13(2):1102.

[40] 李春艳,李大鹏,侯宁,等.一种生活垃圾低温高效降解功能复合菌剂及其制备方法和应用[P].中国:CN104611267A:2015-05-13.

[41] ZHAO F Y,ZHANG Y Y,DONG W G,et al.Vermicompost can suppress fusarium oxysporum f.sp.lycopersici via generation of beneficial bacteria in a long-term tomato monoculture soil[J].Plant and soil,2019,440(1/2):491-505.

[42] 阎海涛,殷全玉,丁松爽,等.生物炭对褐土理化特性及真菌群落结构的影响[J].环境科学,2018,39(5):2412-2419.

[43] LI H,ZHANG Y Y,YANG S,et al.Variations in soil bacterial taxonomic profiles and putative functions in response to straw incorporation combined with N fertilization during the maize growing season[J].Agriculture,ecosystems & environment,2019,283:106578.

[44] 段双全,格桑曲珍,普布,等.西藏羊八井废弃热井沉积物中的真核微生物多样性[J].微生物学通报,2013,40(11):1987-1995.

[45] HUANG F Y,LIU Z H,MOU H Y,et al.Effects of different long-term farmland mulching practices on the loessial soil fungal community in a semiarid region of China[J].Applied soil ecology,2019,137:111-119.

[46] LIU Q W,WANG S X,LI K,et al.Responses of soil bacterial and fungal communities to the long-term monoculture of grapevine[J].Applied microbiology and biotechnology,2021,105(8):1-16.

[47] NIU G X,HASI MUQIER H,WANG R Z,et al.Soil microbial community responses to long-term nitrogen addition at different soil depths in a typical steppe[J].Applied soil ecology,2021,167:104054.

[48] 张利平,黄振东,蒲占胥,等.柑橘黄龙病植株叶片中脉内生真菌多样性[J].浙江农业科学,2019,60(8):1463-1465.

[49] HEYDARI S,SIAVOSHI F,SARRAFNEIJAD A,et al.Coniochaeta fungus benefits from its intracellular bacteria to form biofilm and defend against other fungi[J].Archives of clinical microbiology,2021,203:1357-1366.

[50] 王艳云.黄河三角洲盐碱地土壤真菌多样性[J].北方园艺,2016(18):185-189.

[51] 金桃,冯强,万景旺,等.五种根际促生菌在改善植物的农艺性状方面的应用CN106472568B[P].2020-05-12.

[52] GUTIERREZ T,GREEN D H,NICHOLS P D,et al.Polycyclovorans algicola gen. nov.,sp.nov.,an aromatic-hydrocarbon-degrading marine bacterium found associated with laboratory cultures of marine phytoplankton[J].Applied and environmental microbiology,2013,79(1):205-214.

[53] LIU Z X, LIU J J, YU Z H, et al. Long-term continuous cropping of soybean is comparable to crop rotation in mediating microbial abundance, diversity and community composition[J]. Soil and tillage research, 2020, 197:104503.

[54] 张凤革, 霍云倩, 孙艺, 等. 连续施用生物有机肥对草地生物量及土壤微生物区系的影响[J]. 南京农业大学学报, 2018, 41(2):382-388.

[55] 刘雯雯, 喻理飞, 严令斌, 等. 喀斯特石漠化区植被恢复不同阶段土壤真菌群落组成分析[J]. 生态环境学报, 2019, 28(4):669-675.

[56] 吴庆珊. 纤维素降解菌筛选及其在羊粪堆肥发酵中的应用[D]. 贵阳:贵州师范大学, 2018.

[57] WANG S L, WANG H, HAFEEZ M B, et al. No-tillage and subsoiling increased maize yields and soil water storage under varied rainfall distribution: a 9-year site-specific study in a semi-arid environment[J]. Field crops research, 2020, 255:107867.

[58] YUAN L, ZHOU L, SONG C, et al. Microbial-derived carbon components are critical for enhancing soil organic carbon in no-tillage croplands: a global perspective[J]. Soil and tillage research, 2021, 205:104758.

[59] 董博, 曾骏, 张东伟, 等. 小麦—玉米免耕轮作对土壤有机碳、无机碳与微生物量碳含量的影响[J]. 土壤通报, 2013, 44(2):376-379.

[60] 肖美佳, 张晴雯, 董月群, 等. 免耕对土壤微生物量碳影响的 Meta 分析[J]. 核农学报, 2019, 33(4):833-839.

[61] 张文颖, 张恩和, 张凤云. 河西灌区麦茬免耕对春玉米田土壤微生物量氮和磷的影响[J]. 甘肃农业大学学报, 2006(6):108-113.

[62] XU X R, AN T T, ZHANG J M, et al. Transformation and stabilization of straw residue carbon in soil affected by soil types, maize straw addition and fertilized levels of soil[J]. Geoderma, 2019, 337:622-629.

[63] 黄山, 刘武仁, 殷明, 等. 东北地区玉米田长期免耕土壤碳氮及微生物活性的剖面分布特征[J]. 玉米科学, 2009, 17(3):103-106.

[64] 张贵云, 张丽萍, 魏明峰, 等. 长期保护性耕作对丛枝菌根真菌多样性的影响[J]. 中国生态农业学报, 2018, 26(7):1048-1055.

[65] SCHMIDT R, MITCHELL J, SCOW K. Cover cropping and no-till increase diversity and symbiotroph:saprotroph ratios of soil fungal communities[J]. Soil biology and biochemistry, 2019, 129:99-109.

[66] 屈会娟, 李金才, 沈学善, 等. 秸秆全量还田对冬小麦不同小穗位和粒位结实粒数和粒重的影响[J]. 中国农业科学, 2011, 44(10):2176-2183.

[67] 李秀枝, 黄智鸿, 袁进成, 等. 植物生长调节剂对玉米籽粒灌浆特性及粒重的影响[J]. 河北北方学院学报(自然科学版), 2015, 31(2):41-44.

［68］ 韩雅娇,朱新萍,杨宝和,等.土壤湿度和机械长度对棉花秸秆分解率的影响[J].农业资源与环境学报,2014,31(1):69-73.

［69］ PARHIZKAR M,SHABANPOUR M,LUCAS-BORJA M E,et al.Effects of length and application rate of rice straw mulch on surface runoff and soil loss under laboratory simulated rainfall[J].International journal of sediment research,2020,36:468-478.

［70］ 张福韬,乔云发,苗淑杰,等.长期玉米连作下黑土各组分有机质化学结构特征[J].中国农业科学,2016,49(10):1913-1924.

［71］ 邢会琴,肖占文,闫吉智,等.玉米连作对土壤微生物和土壤主要养分的影响[J].草业科学,2011,28(10):1777-1780.

［72］ 时鹏,高强,王淑平,等.玉米连作及其施肥对土壤微生物群落功能多样性的影响[J].生态学报,2010,30(22):6173-6182.

［73］ 杨恒山,萨如拉,高聚林,等.秸秆还田对连作玉米田土壤微生物学特性的影响[J].玉米科学,2017,25(5):98-104.

［74］ 张婉婷,金成功,张欢,等.有机无机肥料配施对连作区玉米土壤微生物及养分含量的影响[J].作物杂志,2016(3):110-115.

［75］ 王淑兰.渭北旱源连作玉米田保护性轮耕效应研究[D].咸阳:西北农林科技大学,2016.

［76］ 陈子民,刘剑钊,蔡红光,等.不同栽培方式下春玉米连作体系土壤氮素累积特征[J].玉米科学,2016,24(3):123-130.

［77］ 张金涛.玉米秸秆直接还田对土壤中氮素生物有效性的影响[D].北京:中国农业科学院,2010.

［78］ 刘军,景峰,李同花,等.秸秆还田对长期连作棉田土壤腐殖质组分含量的影响[J].中国农业科学,2015,48(2):293-302.

［79］ 高利伟,马林,张卫峰,等.中国作物秸秆养分资源数量估算及其利用状况[J].农业工程学报,2009,25(7):173-179.

［80］ 高荣,尤莉.1960—2011年5—9月通辽市不同等级降水变化特征分析[J].内蒙古气象,2014(5):8-11.

［81］ 鲍士旦.土壤农化分析[M].北京:中国农业出版社,2000:257-270.

［82］ 王学奎.植物生理生化实验原理和技术[M].北京:高等教育出版社,2006.

［83］ 陈建勋,王晓峰.植物生理学实验指导[M].广州:华南理工大学出版社,2002.

［84］ 马慧娟.秸秆还田不同年限对土壤生化性状及玉米生长发育的影响研究[D].长春:吉林大学,2016.

［85］ 于博.春玉米高产田土壤结构及深翻秸秆还田调控机制[D].呼和浩特:内蒙古农业大学,2016.

［86］ 李亭亭.不同耕作及秸秆还田方式对春玉米产量形成及养分吸收的影响[D].沈

阳:沈阳农业大学,2013.

［87］　张权.隔年深耕对土壤肥力及夏玉米生育和产量的影响［D］.郑州:河南科技大学,
2013.

［88］　隋鹏祥,有德宝,安俊朋,等.秸秆还田方式与施氮量对春玉米产量及干物质和氮素
积累、转运的影响［J］.植物营养与肥料学报,2018,24(2):1-9.

［89］　冷麟良.秸秆喷施快速腐熟剂后还田对玉米生长及产量的影响［D］.长春:吉林农
业大学,2012.

［90］　杨振兴,周怀平,关春林,等.秸秆腐熟剂在玉米秸秆还田中的效果［J］.山西农业科
学,2013,41(4):354-357.

［91］　于梅婷.深松和秸秆还田对玉米生长发育和养分吸收的影响［D］.沈阳:沈阳农业
大学,2016.

［92］　刘国玲.生物炭和秸秆还田对玉米生长发育和氮素吸收与利用的影响［D］.沈阳:
沈阳农业大学,2016.

［93］　王艳红.秸秆还田与化肥配施对夏玉米生长发育和产量的影响［D］.合肥:安徽农
业大学,2013.

［94］　王明达.秸秆还田方式与化肥配施对玉米生长及土壤养分的影响［D］.沈阳:沈阳
农业大学,2017.

［95］　任娇,于寒,吴春胜,等.不同秸秆还田方式下玉米叶片光合、荧光特性及水分利用
率的比较［J］.分子植物育种,2017,15(12):5241-5247.

［96］　慕平.黄土高原农田综合地力及碳汇特征对连续多年玉米秸秆全量还田的响应
［D］.兰州:甘肃农业大学,2012.

［97］　白建芳.不同耕作方式对高产春玉米冠根衰老的影响［D］.呼和浩特:内蒙古农业
大学,2012.

［98］　汪仁,邢月华,包红静.施用有机肥对春玉米生育后期叶片酶活性的影响［J］.杂粮
作物,2010,30(4):299-301.

［99］　张玉芹,杨恒山,高聚林,等.超高产春玉米的根系特征［J］.作物学报,2011,37(4):
735-743.

［100］　白晓慧.通辽市 2005—2010 年地下水位变化分析［J］.内蒙古科技与经济,2016
(16):65-66.

［101］　马建蕊.盐池县膜下滴灌玉米作物-水模型及作物-水肥耦合模型试验研究［D］.
银川:宁夏大学,2018.

［102］　李明思.膜下滴灌灌水技术参数对土壤水热盐动态和作物水分利用的影响［D］.
咸阳:西北农林科技大学,2006.

［103］　苏君伟,王慧新,吴占鹏,等.辽西半干旱区膜下滴灌条件下对花生田土壤微生物
量碳、产量及 WUE 的影响［J］.花生学报,2012,41(4):37-41.

［104］ 齐广平.膜下滴灌条件下盐碱地根-水-盐耦合机理研究［D］.兰州:甘肃农业大学,2008.

［105］ 霍轶珍,王文达,韩翠莲,等.河套灌区灌溉定额对膜下滴灌玉米生产性状及水分利用效率的影响［J］.水土保持研究,2020,27(5):182-187.

［106］ 梁嘉平.旱区膜下滴灌棉田间作条件下土壤水盐肥迁移机制及作物生长研究［D］.西安:西安理工大学,2017.

［107］ 胡琦.河套灌区膜下滴灌农田水盐运移和玉米生长对农膜残留的响应机制研究［D］.呼和浩特:内蒙古农业大学,2020.

［108］ 梅园雪,冯玉涛,冯天骄,等.玉米浅埋滴灌节水种植模式产量与效益分析［J］.玉米科学,2018,26(1):98-102.

［109］ 吴梦茜.内蒙古通辽市玉米浅埋滴灌灌溉制度及综合效应研究［D］.雅安:四川农业大学,2020.

［110］ 贾琼,史海滨,李瑞平,等.西辽河平原覆膜和浅埋对滴灌玉米生长的影响［J］.水土保持学报,2021,35(3):296-303.

［111］ 叶德练,齐瑞娟,张明才,等.节水灌溉对冬小麦田土壤微生物特性、土壤酶活性和养分的调控研究［J］.华北农学报,2016,31(1):224-231.

［112］ 高雪峰.短花针茅荒漠草原优势植物根系分泌物及其主要组分对土壤微生物的影响［D］.呼和浩特:内蒙古农业大学,2017.

［113］ 王岚,张静,路璐.不同浓度鼠李糖脂对土壤多环芳烃去除率及微生物群落结构的影响［J］.环境污染与防治,2019,41(8):901-905.

［114］ 杨茜.不同处理程度农村生活污水农田消纳可行性研究［D］.杭州:浙江大学,2019.

［115］ 王坤.进水氨氮浓度对MBBR工艺中微生物群落结构的影响研究［D］.长沙:湖南大学,2019.

［116］ CHI Z F,ZHU Y H,LI H,et al.Unraveling bacterial community structure and function and their links with natural salinity gradient in the Yellow River Delta［J］Science of the total environment,2021,773:145673.

［117］ 辜运富,郑有坤,PENTTINEN P,等.若尔盖高原泥炭沼泽土嗜冷细菌系统发育分析［J］.湿地科学,2014,12(5):631-637.

［118］ 肖嘉俊.土壤镉胁迫下菲降解菌的筛选及其特性研究［D］.上海:上海交通大学,2010.

［119］ 桂莎,刘芳,张立丹,等.复合菌剂防控香蕉枯萎病的效果及其微生物学机制［J］.土壤学报,2020,57(4):995-1007.

［120］ 张宏媛,卢闯,逄焕成,等.亚表层培肥结合覆膜提高干旱区盐碱地土壤肥力及优势菌群丰度的机理［J］.植物营养与肥料学报,2019,25(9):1461-1472.

[121] HOU D D, WANG K, LIU T, et al. Unique rhizosphere micro-characteristics facilitate phytoextraction of multiple metals in soil by the hyperaccumulating plant sedum alfredii[J]. Environmental science & technology, 2017, 51(10):5675-5684.

[122] GAO B, YAO H Y, LI Y Y, et al. Microplastic addition alters the microbial community structure and stimulates soil carbon dioxide emissions in vegetable-growing soil [J]. Environmental toxicology and chemistry, 2020, 40(2):352-365.

[123] 潘超. SBR-超滤联用技术处理含盐生活污水及其微生物群落分析[D]. 哈尔滨:哈尔滨工程大学, 2019.

[124] 李霞. 土壤磷素耦合的水田碳-氮库动态消长规律及其生态化学计量学调控潜能[D]. 杭州:浙江大学, 2014.

[125] 顾晓颖. 新疆两盐湖嗜盐菌生物多样性及嗜盐菌素分离纯化的研究[D]. 乌鲁木齐:新疆大学, 2007.

[126] 杨玉婷. 张家口天漠沙土中嗜盐和耐盐细菌多样性及产胞外酶特征[D]. 吉首:吉首大学, 2018.

[127] ROCHA U N D, PLUGGE C M, GEORGE I, et al. The rhizosphere selects for particular groups of acidobacteria and verrucomicrobia[J]. Plos one, 2017, 8(12):82443.

[128] 涂月, 李海翔, 姜磊, 等. 广西会仙湿地不同植物根际细菌群落结构及多样性研究[J]. 生态环境学报, 2019, 28(2):252-261.

[129] 张宇, 孙睿, 曾辉平, 等. 生物除铁除锰滤池中锰氧化菌的筛选及研究[J]. 中国给水排水, 2018, 34(3):68-71.

[130] WANG M, XIONG W G, ZOU Y, et al. Evaluating the net effect of sulfadimidine on nitrogen removal in an aquatic microcosm environment[J]. Environmental pollution, 2019, 248:1010-1019.

[131] 程勤, 胡承孝, 明佳佳, 等. 硒对油菜根际土壤微生物的影响[J]. 农业资源与环境学报, 2021, 38(1):104-110.

[132] LI J, ZHENG L, YE C B, et al. Evaluation of an intermittent-aeration constructed wetland for removing residual organics and nutrients from secondary effluent: performance and microbial analysis[J]. Bioresource technology, 2021, 329:124897.

[133] YUN Y, WANG H M, MAN B Y, et al. The relationship between pH and bacterial communities in a single karst ecosystem and its implication for soil acidification[J]. Frontiers in microbiology, 2016, 7:1955.

[134] 曾莉莎, 林威鹏, 吕顺, 等. 香蕉-甘蔗轮作模式防控香蕉枯萎病的持续效果与土壤微生态机理(Ⅰ)[J]. 中国生态农业学报(中英文), 2019, 27(2):257-266.

[135] 林威鹏, 曾莉莎, 吕顺, 等. 香蕉-甘蔗轮作模式防控香蕉枯萎病的持续效果与土壤微生态机理(Ⅱ)[J]. 中国生态农业学报(中英文), 2019, 27(3):348-357.

[136] WANG W H,LUO X,YE X F,et al.Predatory myxococcales are widely distributed in and closely correlated with the bacterial community structure of agricultural land [J].Applied soil ecology,2020,146(C):103365.

[137] LONG X E,YAO H Y,HUANG Y,et al.Phosphate levels influence the utilisation of rice rhizodeposition carbon and the phosphate-solubilising microbial community in a paddy soil[J].Soil biology and biochemistry,2018,118:103-114.

[138] HILTON S,PICOT E,SCHREITER S,et al.Identification of microbial signatures linked to oilseed rape yield decline at the landscape scale[J].Microbiome,2021,9(1):19.

[139] CARRASCO M,ALCAÍNO J,CIFUENTES V,et al.Purification and characterization of a novel cold adapted fungal glucoamylase[J].Microbial cell factories issue,2017,16(1):75.

[140] 葛佳丽.安西极旱荒漠植物 DSE 真菌生态异质性研究[D].保定:河北大学,2018.

[141] POFFENBARGER H J,BARKER D W,HELMERS M J,et al.Maximum soil organic carbon storage in Midwest U.S.cropping systems when crops are optimally nitrogen-fertilized[J].Plos one,2017,12(3):172293.

[142] COLIN A,BONNIE W.Nitrogen limitation of decomposition and decay:how can it occur? [J].Global change biology,2018,24(4):1417-1427.

[143] 刘金山,戴健,刘洋,等.过量施氮对旱地土壤碳、氮及供氮能力的影响[J].植物营养与肥料学报,2015,21(1):112-120.

[144] 宁东峰,秦安振,刘战东,等.滴灌施肥下水氮供应对夏玉米产量、硝态氮和水氮利用效率的影响[J].灌溉排水学报,2019,38(9):28-35.

[145] 李若楠,武雪萍,张彦才,等.滴灌氮肥用量对设施菜地硝态氮含量及环境质量的影响[J].植物营养与肥料学报,2015,21(6):1642-1651.

[146] ABOU L T S,BERNDTSSON R,PERSSON M.Numerical evaluation of subsurface trickle irrigation with brackish water[J].Irrigation science,2013,31(5):1125-1137.

[147] VALENTÍN F,NORTES P A,DOMÍNGUEZ A,et al.Comparing evapotranspiration and yield performance of maize under sprinkler,superficial and subsurface drip irrigation in a semi-arid environment[J].Irrigation science,2020,38(6):105-115.

[148] HANSON B R,HUTMACHER R B,MAY D M.Drip irrigation of tomato and cotton under shallow saline ground water conditions[J].Irrigation and drainage systems,2006,20(2/3):155-175.

[149] SORENSEN R B,BUTTS C L,LAMB M C.Corn yield response to deep subsurface drip irrigation in the Southeast[J].Crop management,2013,12(1):1-9.

[150] ZHOU B Y,SUN X F,DING Z S,et al.Multisplit nitrogen application via drip irri-

gation improves maize grain yield and nitrogen use efficiency[J].Crop science,2017,57(3):1687-1703.

[151] FU F B,LI F S,KANG S Z.Alternate partial root-zone drip irrigation improves water-and nitrogen-use efficiencies of sweet-waxy maize with nitrogen fertigation[J].Scientific reports,2017,7(1):17256.

[152] NANNIPIERI P,ASCHER-JENULL J,CECCHERINI M T,et al.Beyond microbial diversity for predicting soil functions:a mini review[J].Pedosphere,2020,30(1):5-17.

[153] 林婉奇,薛立.基于 BIOLOG 技术分析氮沉降和降水对土壤微生物功能多样性的影响[J].生态学报,2020,40(12):4188-4197.

[154] LI Y L,TREMBLAY J,BAINARD L D,et al.Long-term effects of nitrogen and phosphorus fertilization on soil microbial community structure and function under continuous wheat production[J].Environmental microbiology,2020,22(3):1066-1088.

[155] 栗方亮,李忠佩,刘明,等.氮素浓度和水分对水稻土硝化作用和微生物特性的影响[J].中国生态农业学报,2012,20(9):1113-1118.

[156] PAN J X,ZHANG L,HE X M,et al.Long-term optimization of crop yield while concurrently improving soil quality[J].Land degradation & development,2019,30(8):897-909.

[157] 强浩然,张国斌,郁继华,等.不同水氮供应对日光温室辣椒栽培基质固氮微生物数量和理化性质的影响[J].中国土壤与肥料,2017(6):71-81.

[158] 闫瑾,红梅,叶贺,等.短花针茅荒漠草原土壤真菌群落结构对水氮控制的响应[J].中国草地学报,2021,43(10):37-45.

[159] 樊金萍,张建丽,王婧,等.节水灌溉对盐渍土盐分调控与土壤微生物区系的影响[J].土壤学报,2012,49(4):835-840.

[160] 蔡树美,诸海焘,张德闪,等.水氮互作对设施菜田土壤氮素形态组成以及细菌群落结构的影响[J].土壤通报,2021,52(1):99-108.

[161] 雷宏军,肖哲元,张振华,等.水氮耦合氧灌对温室辣椒土壤肥力及细菌群落的影响[J].农业工程学报,2021,37(1):158-166.

[162] YANG S,XU Z W,WANG R Z,et al.Variations in soil microbial community composition and enzymatic activities in response to increased N deposition and precipitation in Inner Mongolian grassland[J].Applied soil ecology,2017,119:275-285.

[163] SHE W W,BAI Y X,ZHANG Y Q,et al.Resource availability drives responses of soil microbial communities to short-term precipitation and nitrogen addition in a desert shrubland[J].Frontiers in microbiology,2018,9:186.

[164] 徐梦,徐丽君,程淑兰,等.人工草地土壤有机碳组分与微生物群落对施氮补水的响应[J].中国农业科学,2020,53(13):2678-2690.

[165] ČUHEL J,MALÝS,KRÁLOVEC J.Shifts and recovery of soil microbial communities in a 40-year field trial under mineral fertilization[J].Pedobiologia,2019,77:150575.

[166] 符鲜.盐渍化灌区节水灌溉条件下土壤微生物对氮肥的反馈机理研究[D].呼和浩特:内蒙古农业大学,2016.

[167] 高宛莉,刘恩科,李来福,等.玉米栽培模式与施肥方式对土壤微生物和土壤肥力的影响[J].中国农业大学学报,2014,19(2):108-117.

[168] 魏巍,许艳丽,朱琳,等.长期施肥对黑土农田土壤微生物群落的影响[J].土壤学报,2013,50(2):372-380.

[169] 游萍,薛晓辉,肖群英,等.不同肥力方式对玉米生育期微生物群落的影响[J].耕作与栽培,2021,41(4):27-32.

[170] 吴宪.化肥减量配施有机肥和秸秆对小麦-玉米田土壤微生物和线虫群落的影响[D].北京:中国农业科学院,2021.

[171] 张奇春,王雪芹,时亚南,等.不同施肥处理对长期不施肥区稻田土壤微生物生态特性的影响[J].植物营养与肥料学报,2010,16(1):118-123.

[172] 桂娟,陈小云,刘满强,等.节水与减氮措施对稻田土壤微生物和微动物群落的影响[J].应用生态学报,2016,27(1):107-116.

[173] 徐如玉,左明雪,袁银龙,等.氮肥用量优化对甜玉米氮肥吸收利用率及氮循环微生物功能基因的影响[J].南方农业学报,2020,51(12):2919-2926.

[174] 宋娜.贝加尔针茅草甸草原土壤放线菌群落结构和遗传多样性对增氮增雨的响应[D].长春:东北师范大学,2014.

[175] 邰继承,李锐,杨恒山,等.浅埋滴灌条件下优化施氮对西辽河平原春玉米田碳、氮足迹的影响[J].水土保持学报,2021,35(6):278-284.

[176] 杨恒山,张明伟,张瑞富,等.滴灌灌水量、施氮量和种植密度对春玉米产量的影响[J].灌溉排水学报,2021,40(5):16-22.

[177] BAHRAM M,HILDEBRAND F,FORSLUND S K,et al.Structure and function of the global topsoil microbiome[J].Nature,2018,560(7717):233-237.

[178] 王京伟,李元,牛文全.地下滴灌对番茄根际微区氮循环微生物量及土壤 N_2O 排放的调控机制[J].环境科学研究,2021,34(6):1425-1433.

[179] 崔正果.不同年限玉米秸秆还田对黑土土壤理化性状以及土壤微生物的影响[D].长春:吉林大学,2019.

[180] 崔思远,朱新开,张蓂茜,等.水稻秸秆还田年限对稻麦轮作田土壤碳氮固存的影响[J].农业工程学报,2019,35(7):115-121.

[181] 张翰林,郑宪清,何七勇,等.不同秸秆还田年限对稻麦轮作土壤团聚体和有机碳的影响[J].水土保持学报,2016,30(4):216-220.

[182] 刘吉宇.秸秆还田方式及年限对土壤肥力及团聚体中有机质结构特征的影响[D].长春:吉林农业大学,2018.

[183] 牛东.连续水稻秸秆还田年限对麦季土壤养分含量及温室气体排放的影响[D].扬州:扬州大学,2017.

[184] 董珊珊.秸秆还田方式及年限对土壤腐殖质组成和结构特征的影响[D].长春:吉林农业大学,2017.

[185] 张翰林,吕卫光,郑宪清,等.不同秸秆还田年限对稻麦轮作系统温室气体排放的影响[J].中国生态农业学报,2015,23(3):302-308.

[186] 慕平,张恩和,王汉宁,等.不同年限全量玉米秸秆还田对玉米生长发育及土壤理化性状的影响[J].中国生态农业学报,2012,20(3):291-296.

[187] 林欣欣.不同年限秸秆深还对黑土有机碳和微生物群落结构的影响[D].长春:吉林农业大学,2021.

[188] 邵满娇,窦森,谢祖彬.等.碳量玉米秸秆及其腐解、炭化材料还田对黑土腐殖质的影响[J].农业环境科学学报,2018,37(10):2202-2209.

[189] ZHENG L,WU W L,WEI Y P,et al.Effects of straw return and regional factors on spatio-temporal variability of soil organic matter in a high-yielding area of northern China[J].Soil and tillage research,2015,145:78-86.

[190] 丛日环,张丽,鲁艳红,等.长期秸秆还田下土壤铵态氮的吸附解吸特征[J].植物营养与肥料学报,2017,23(2):380-388.

[191] 董珊珊,窦森,邵满娇,等.秸秆深还不同年限对黑土腐殖质组成和胡敏酸结构特征的影响[J].土壤学报,2017,54(1):150-159.

[192] 黄毅,邹洪涛,闫洪亮,等.玉米秸秆深还剂量对土壤水分的影响[J].水土保持研究,2013,20(4):61-63.

[193] 黄立强,赵竹青,刘新伟,等.秸秆深还年限对葡萄园土壤腐殖质组分及酶活性的影响[J].湖北农业科学,2017,56(19):3640-3645.

[194] 张华亮.秸秆深还不同年限对土壤水分物理性质及抗剪强度的影响[D].长春:吉林农业大学,2015.

[195] HAO X X,HAN X Z,WANG S Y,et al.Dynamics and composition of soil organic carbon in response to 15 years of straw return in a mollisol[J].Soil and tillage research,2022,215:105221.

[196] WU L P,MA H,ZHAO Q L,et al.Changes in soil bacterial community and enzyme activity under five years straw returning in paddy soil[J].European journal of soil biology,2020,100:103215.

[197] FU M,HAO M M,HU H Y,et al.Responses of soil organic carbon and microbial community structure to different tillage patterns and straw returning for multiple years [J].应用生态学报,2019,30(9):3183-3194.

[198] Xiu L Q,ZHANG W M,SUN Y Y,et al.Effects of biochar and straw returning on the key cultivation limitations of albic soil and soybean growth over 2 years[J].CATENA,2019,173:481-493

[199] LIU S W,WANG M J,YIN M,et al.Fifteen years of crop rotation combined with straw management alters the nitrogen supply capacity of upland-paddy soil[J].Soil and tillage research,2022,215:105219.

[200] LI H Y,XIA Y Y,ZHANG G L,et al.Effects of straw and straw-derived biochar on bacterial diversity in soda saline-alkaline paddy soil[J].Annals of microbiology, 2022,72(1):1-11.

[201] YANG Y L,SHEN L D,ZHAO X,et al.Long-term incorporation of wheat straw changes the methane oxidation potential,abundance and community composition of methanotrophs in a paddy ecosystem[J].Applied soil ecology,2022,173:104384.

[202] MOHAMED I,BASSOUNY M A,ABBAS M H H,et al.Rice straw application with different water regimes stimulate enzymes activity and improve aggregates and their organic carbon contents in a paddy soil[J].Chemosphere,2021,274:129971.

[203] WANG Y L,WU P N,MEI F J,et al.Does continuous straw returning keep China farmland soil organic carbon continued increase? A meta-analysis[J].Journal of environmental management,2021,288:112391.

第 4 章　盐碱化草甸土秸秆还田效应分析

盐渍土（salt-affected soil 或 saline soil）也称盐碱土（saline-alkali soil），是含盐、碱、硝等有害盐类的低产土壤通称。按国家盐碱土分类规定：全盐量小于 0.2% 为非盐渍化土，0.2%~0.5% 为弱盐渍化土，0.5%~0.7% 为中度盐渍化土，0.7%~1% 为强度盐渍化土，大于 1% 为盐土。我国盐碱土地资源总面积约为 9913 万 hm^2，其中，现代盐碱土面积为 3693 万 hm^2，残余盐碱土约 4487 万 hm^2，并且尚存在约 1733 万 hm^2 的潜在盐碱土，主要分布在东北、华北、西北内陆地区及长江以北沿海地带。

4.1　玉米秸秆还田对盐碱化草甸土特性及玉米生长的影响

为了改良碱化土壤，2018 年在西辽河平原灌区碱化土壤实施玉米秸秆还田基础上配施中农绿康腐熟剂和人元秸秆腐熟剂，混沙和混糠醛渣试验。采用常规测试方法，测定春玉米产量、玉米根系特性及土壤速效养分和酶活性，研究不同改良措施对碱化土壤特性及玉米生长的影响。结果表明，与盐碱地常规掺混沙子处理比，在玉米秸秆还田基础上，配施中农绿康和人元秸秆腐熟剂处理均能显著提高玉米根干重，分别增加 37.41% 和 31.94%，增强根系 SOD 和 POD 活性，降低根系 MDA 含量，分别增加硝态氮含量 118.42% 和 93.60%；配施中农绿康秸秆腐熟剂和掺混糠醛渣显著增加吐丝期土壤碱解氮含量，分别增加 21.32% 和 39.18%；配施人元秸秆腐熟剂显著增加完熟期土壤速效磷含量，增加 121.89%；配施中农绿康秸秆腐熟剂增加完熟期土壤铵态氮 171.28%；配施中农绿康显著提高土壤纤维素酶活性；配施中农绿康秸秆腐熟剂显著增加玉米产量 17.65%。因此，碱化土壤玉米秸秆还田配施中农绿康秸秆腐熟剂效果较好。

西辽河平原灌区大部分农田采取漫灌和沟灌方式，加速了土壤水分蒸发，易使土壤盐分向土壤表层积聚，加剧了土壤的次生盐渍化。盐碱地改良措施较多，其中，生物改良措施简单易行，脱盐持久且稳定，而且有利于水土保持及生态平衡，是近年来新兴的盐碱地改良的有效措施[1]。前人研究结果表明，秸秆还田对盐碱地具有结构改良和肥力改良双重效果[2]；秸秆土表与土表下 35~40 cm 处覆盖秸秆对土壤水分蒸发和土壤返盐的抑制效果大于秸秆表层覆盖和秸秆深层覆盖；30 cm 处埋秸秆 13500 kg/hm^2，能加快盐碱地脱盐速度，显著降低土壤的含盐量和碱化度，明显增加土壤的阳离子交换量和有机质含量[3]；填埋一定量的（7000~17000 kg/hm²）秸秆作隔盐垫层可以改变地下土壤水盐的剖面分布特征[4]。秸秆隔层结合地膜覆盖是内蒙古河套灌区盐碱地改良中优选的控抑盐耕作措施[5-6]；随着地膜覆盖年限的延长，土壤中残膜量不断增加，势必会对作物生长甚至土壤结构造成不利影响；秸秆表层覆盖可有效控制土壤水分的蒸发，抑制盐分的表聚，减轻土壤表层的盐渍化程度，进而达到改良盐碱地的目的。由于西辽河平原灌区冬春季风大，很难实施秸秆覆盖作业，该区盐碱地改良措施采用土表下 30 cm 处铺设砂砾层及土表下 20 cm 处或 30，40，80 cm 处铺设秸秆层，可以切断土壤毛管，阻止底层土壤含盐潜水上行，减轻盐分表聚[7]，有关土表下隔层的研究多数为室内土柱模拟试验、室内灌溉淋洗试验，而室内试验无法模拟出野外受多种自然因素影响的土壤水盐分布的实际情况[8]。前人研究表明，微生物菌剂在低肥力和盐渍化土壤中表现出较好的效果[9-12]，多数研究也是在盆栽和室内灌溉淋洗试验条件下进行，应用于大田或盐碱地改良方面很少有相关报道[13-14]。本研究以当地改良盐碱地传统的措施——掺混沙子和糠醛渣为对照，设置西辽河平原灌区盐渍化土壤玉米秸秆还田基础上配施微生物菌剂改良盐碱地试验，探索该地区盐碱地改良措施。

4.1.1　材料与方法

4.1.1.1　试验区概况

试验于 2018 年在西辽河平原中部通辽市开鲁县蔡家堡村玉米秸秆还田定位试验田进行（43°35′N、121°09′E，海拔高度为 178 m），试验区年均气温 6.8 ℃，平均无霜冻期为 150 天，大于等于 10 ℃活动积温 3200 ℃，年均降水量 399 mm，生长季内（5—9月）降水量约为 340 mm。试验田具有井灌条件，土壤为轻度碱化土壤，pH 值为 8.5。

4.1.1.2　试验设计

采用随机区组设计，在次生盐渍化土壤上设 4 个处理，分别为 RY：秸秆还田配施人元秸秆腐熟剂（内含细菌、放线菌、丝状菌、酵母菌等多种菌株，有效活菌数不小于 8.0×10^7 cfu/g）；ZN：秸秆还田配施中农绿康秸秆型有机物料腐熟剂（简称中农绿康腐熟剂，内含分解菌、益生菌、芽孢杆菌、绿色木霉和酵母菌等高效菌株，有效活菌数不小于 8.0×10^7 cfu/g）；KQZ（对照 1）：掺混糠醛渣（7.5 m³/hm²，源于当地糠醛厂）；HS（对照 2）：掺混沙子（300 m³/hm²，源于当地河床）。以盐碱地常规改良方法（HS）为对照，分析秸秆还田配施腐熟剂与掺混糠醛渣的改良效果，小区面积 72 m²，3次重复。秋季玉米秸秆全量机械粉碎，均匀撒于田间，再将中农绿康和人元秸秆腐熟剂与锯末按照 1∶5 拌匀后均匀撒施于秸秆表面，2 种腐熟剂用量均为 30 kg/hm²；腐熟剂与尿素（150 kg/hm²）均匀撒施于粉碎秸秆的表面，旋耕还田，还田深度为 30 cm。糠醛渣有机物、全氮、全磷、全钾的平均含量分别为 78.3%，0.82%，0.25% 和 1.03%，pH 值在 3 左右，呈强酸性，微量营养元素含量为铜 22.1 mg/kg、锌 59.2 mg/kg、锰

199 mg/kg、铁 744 mg/kg；秋季糠醛渣撒施于土壤表面，旋耕还田，还田深度为 30 cm。在盐碱地耕作表层，覆盖厚度 10 cm 的沙子，并且与盐碱地耕作层 30 cm 充分混合。

玉米品种为信玉 168，等行种植（50 cm），密度为 7.5×10^4 株/hm^2，底施磷酸二铵（P_2O_5 46%）195 kg/hm^2，硫酸钾（K_2O 50%）90 kg/hm^2，追施尿素（N 46%）525 kg/hm^2，分别在拔节期、大喇叭口期、吐丝期按 3∶6∶1 比例追施。灌溉方式采用大水漫灌，生育期间共灌水 4 次。

4.1.1.3　测定项目与方法

（1）产量及产量构成因素

收获时各小区测产面积 60 m^2，调查样方内有效穗数，并取样人工脱粒测定子粒含水率，折算出 14% 含水率下的产量。取样 10 穗，调查穗粒数，测定千粒重。

（2）根系特性

吐丝期和乳熟期，各小区均在同行内选取代表性连续的植株 3 株，以第 1 株 1/2 株距处到第 3 株 1/2 株距处为长，以 1/2 行距为宽，挖长方形样方分层取根，每层 15 cm，共 3 层。将各土层内的所有根系标记分别装入自封袋内并带回实验室，将自封袋内的根系放在水中浸泡冲洗，洗净后挑出杂质和死根，吐丝期和乳熟期的样品采用氮蓝四唑光化还原法测定超氧化物歧化酶（SOD）活性，愈创木酚法测定过氧化物酶（POD）活性，硫代巴比妥酸比色法测定丙二醛（MDA）含量；吐丝期样品于 80 ℃烘干测定干重。

（3）土壤特性

在吐丝期和完熟期，采用 5 点蛇形法采集样品，各小区取 0~15 cm 土样，同一层次混合均匀，四分法分取足量阴干，研磨，过 1 mm 筛孔备用。采用 3, 5-二硝基水杨酸比色法测定土壤纤维素酶活性，靛酚比色法测定土壤脲酶活性；采用碱解扩散法测定碱解氮含量，钼锑抗比色法测定速效磷含量，火焰光度法测定速效钾含量；连续流动分析仪测定土壤铵态氮及硝态氮含量。

4.1.1.4　数据处理与分析

采用 Excel 2003 和 SPSS 19.0 软件进行数据作图与统计分析。

4.1.2　结果与分析

4.1.2.1　产量及产量构成因素的影响

由表 4-1 可知，与盐碱地常规掺混沙子 HS 处理相比，ZN 产量极显著高于其他处理，提高玉米产量 17.65%，RY、HS、KQZ 处理间产量均无显著差异；ZN、RY 和 KQZ 处理间有效穗数无显著差异，ZN 处理极显著高于 HS 处理；各处理穗粒数和千粒重均无显著差异。

表4-1 各处理对春玉米产量构成因素的影响

处理	有效穗数/（10^4 穗·hm^{-2}）	穗粒数/粒	千粒重/g	产量/（t·hm^{-2}）
ZN	7.12 Aa	502.51 Aa	364.63 Aa	13.40 Aa
RY	6.59 ABb	544.36 Aa	348.52 Aa	11.41 Bb
HS	6.52 Bb	576.56 Aa	340.40 Aa	11.39 Bb
KQZ	6.72 ABb	567.33 Aa	341.81 Aa	11.45 Bb

注：数据后不同大小写字母分别表示处理间差异达到0.01显著水平和0.05显著水平。下表同。

4.1.2.2 根系特性

（1）根干重

由表4-2可知，完熟期0~15 cm土层，ZN和RY处理根干重极显著高于HS和KQZ处理，ZN处理根干重显著高于RY处理，HS和KQZ处理间无显著差异；15~30 cm土层根干重为ZN>RY>KQZ>HS，4个处理间差异均显著；30~45 cm土层根干重为ZN>RY>KQZ>HS，ZN根干重极显著高于KQZ和HS处理，RY处理根干重极显著高于HS处理，KQZ处理根干重显著高于HS处理。各处理总根干重显著性与0~15 cm土层的相同；并且与HS处理相比，ZN、RY和KQZ处理总根干重分别增加37.41%、31.97%和2.93%。

表4-2 不同改良措施对玉米根干重的影响

处理	根干重/（g·株$^{-1}$）			
	0~15 cm	15~30 cm	30~45 cm	总干重
ZN	25.11 Aa	1.03 Aa	0.17 Aa	26.30 Aa
RY	24.23 Ab	0.90 Ab	0.14 ABab	25.26 Ab
HS	18.93 Bc	0.33 Cd	0.07 Cc	19.14 Bc
KQZ	18.74 Bc	0.66 Bc	0.11 BCb	19.70 Bc

（2）根系SOD活性

由表4-3可知，吐丝期0~15 cm、15~30 cm、30~45 cm土层根系SOD活性均高于乳熟期。吐丝期根系SOD活性：0~15 cm土层根系SOD活性RY处理显著高于HS处理，其他处理间无显著差异；15~30 cm土层中KQZ处理极显著高于HS和RY处理，ZN处理显著高于HS和RY处理，而ZN与KQZ处理间、HS与RY处理间无显著差异；30~45 cm土层中RY、ZN和KQZ处理间无显著差异，均极显著高于HS处理。乳熟期，根系SOD活性：0~15 cm土层RY处理极显著高于HS和KQZ处理，ZN处理显著高于HS处理，而HS与KQZ处理间及RY与ZN处理间无显著差异；15~30 cm土层中RY处理活性显著高于HS处理，其他处理间无显著差异；30~45 cm土层根系SOD活性各处理间无显著差异。

表 4-3　不同改良措施对玉米根系 SOD 活性的影响　　单位：U/（g·FW）

处理	吐丝期 SOD 活性			乳熟期 SOD 活性		
	0~15 cm	15~30 cm	30~45 cm	0~15 cm	15~30 cm	30~45 cm
ZN	107.08 Aab	121.87 ABa	107.43 Aa	74.03 ABab	66.56 Aab	29.29 Aa
RY	117.93 Aa	86.66 Bb	110.41 Aa	84.86 Aa	73.64 Aa	48.97 Aa
HS	86.18 Ab	84.57 Bb	30.60 Bb	47.76 Bc	28.36 Ab	31.32 Aa
KQZ	99.97 Aab	142.39 Aa	114.12 Aa	56.10 Bbc	33.88 Aab	47.13 Aa

（3）根系 POD 活性

由表 4-4 可知，吐丝期 0~15 cm、15~30 cm、30~45 cm 土层根系 POD 活性均低于乳熟期。吐丝期根系 POD 活性表现：0~15 cm 土层各处理间无显著差异；15~30 cm 和 30~45 cm 土层为 ZN 处理极显著高于 HS 处理，其他处理间无显著差异。乳熟期，根系 POD 活性：0~15 cm 土层为 RY 和 ZN 处理活性显著高于 HS 和 KQZ 处理，HS 与 KQZ 处理间无显著差异；15~30 cm 土层为 HS 处理极显著低于其他 3 个处理，其他 3 个处理间无显著差异；30~45 cm 土层为 ZN 处理极显著高于 HS 和 RY 处理、显著高于 KQZ 处理，HS、RY 和 KQZ 处理间无显著差异。

表 4-4　不同改良措施对玉米根系 POD 活性的影响　单位：U/（g·FW）

处理	吐丝期 POD 活性			乳熟期 POD 活性		
	0~15 cm	15~30 cm	30~45 cm	0~15 cm	15~30 cm	30~45 cm
ZN	750.00 Aa	633.33 Aa	370.00 Aa	1200.00 Aa	1176.67 Aa	1093.33 Aa
RY	656.67 Aa	513.33 Aa	176.67 Bb	1203.33 Aa	713.33 Aa	620.00 Bb
HS	366.67 Aa	106.67 Bb	26.67 Bb	753.33 Ab	566.67 Bb	553.33 Bb
KQZ	466.67 Aa	336.67 ABa	30.00 Bb	763.33 Aab	1206.67 Aa	700.00 ABb

（4）根系 MDA 含量

由表 4-5 可知，吐丝期 0~15 cm、15~30 cm、30~45 cm 土层根系 MDA 含量均低于乳熟期。吐丝期，根系 MDA 含量：0~15 cm 土层 ZN 处理显著低于其他 3 个处理，其他处理间无显著差异；15~30 cm 土层中 KQZ 显著高于其他处理，ZN 与 HS 处理间无显著差异；30~45 cm 土层 ZN 处理极显著低于其他处理，RY 和 KQZ 处理间无显著差异，RY 处理显著低于 HS 处理。乳熟期，根系 MDA 含量：0~15 cm 土层 ZN 和 RY 处理显著低于 KQZ 处理，与 HS 处理无显著差异；15~30 cm 和 30~45 cm 土层各处理间无显著差异。

表 4-5　不同改良措施对玉米根系 MDA 含量的影响　　　单位：μmol/（g·FW）

处理	吐丝期 MDA 含量			乳熟期 MDA 含量		
	0~15 cm	15~30 cm	30~45 cm	0~15 cm	15~30 cm	30~45 cm
ZN	1.39 Ab	1.81 Bb	0.42 Bc	3.94 Ab	3.83 Aa	4.35 Aa
RY	3.72 Aa	2.89 ABb	1.93 Ab	3.99 Ab	4.05 Aa	4.02 Aa
HS	3.88 Aa	2.00 Bb	2.95 Aa	4.39 Aab	4.55 Aa	3.77 Aa
KQZ	3.51 Aa	5.00 Aa	2.71 Aab	5.21 Aa	4.82 Aa	4.54 Aa

4.1.2.3　土壤速效养分含量

由表 4-6 可知，土壤碱解氮含量：吐丝期各处理无显著差异；完熟期 ZN 与 KQZ 处理间，RY 与 HS 处理间无显著差异，ZN 和 KQZ 处理显著大于 RY 和 HS 处理；并且吐丝期各处理土壤碱解氮含量均高于完熟期。土壤速效磷含量：吐丝期 ZN 与 RY 处理间、HS 与 KQZ 处理间均无显著差异，RY 显著大于 KQZ 处理，RY 和 ZN 处理极显著大于 HS 处理；完熟期 RY 显著大于其他处理，其中，RY 极显著大于 HS 和 ZN 处理，ZN、HS 和 KQZ 处理间无显著差异。土壤速效钾含量：吐丝期 RY 与 KQZ 处理间无显著差异，显著大于 ZN 处理，极显著大于 HS 处理；完熟期各处理无显著差异；并且吐丝期各处理速效钾含量均低于完熟期。

表 4-6　不同改良措施对碱化土壤速效养分含量的影响　　　单位：mg/kg

处理	碱解氮		速效磷		速效钾		铵态氮		硝态氮	
	吐丝期	完熟期	吐丝期	完熟期	吐丝期	完熟期	吐丝期	完熟期	吐丝期	完熟期
ZN	64.37 Aa	53.10 Aa	69.90 Aab	81.48 Bb	74.95 ABbc	98.06 Aa	9.18 Bb	12.94 Aa	13.13 Bb	36.87 Aa
RY	57.78 Aa	43.92 Ab	84.18 Aa	156.90 Aa	98.06 Aa	107.97 Aa	20.24 ABa	10.72 Aab	27.25 ABa	32.68 ABa
HS	55.32 A a	43.77 A b	17.51 B c	70.71 B b	45.23 B c	104.67 A a	25.47 A a	4.77 A b	27.01 AB a	16.88 B b
KQZ	63.37 A a	60.92 A a	41.07 AB bc	100.20 AB b	114.57 A a	121.18 A a	21.23 AB a	5.42 A b	30.39 A a	19.53 AB b

由表 4-6 可知，完熟期 ZN 处理的铵态氮和硝态氮含量均高于吐丝期，而 HS 和 KQZ 处理相反。吐丝期，ZN 处理铵态氮含量显著低于其他处理，其他处理间无显著差异；完熟期铵态氮含量为 ZN 和 RY 处理显著大于 KQZ 和 HS 处理，RY 与 ZN 处理之间、KQZ 与 HS 处理之间无显著差异。吐丝期硝态氮含量为 ZN 处理显著低于其他处理，其他处理间无显著差异；完熟期硝态氮含量为 ZN 与 RY 处理间、KQZ 与 HS 处理间无显著差异，ZN 处理极显著大于 HS 处理。

4.1.2.4　土壤酶活性

由表 4-7 可知，吐丝期 0~15 cm、15~30 cm、30~45 cm 土层 ZN、RY 和 HS 处理

间土壤脲酶和蔗糖酶活性均无显著差异，均显著高于 KQZ 处理。3 个土层土壤纤维素酶活性 ZN 极显著高于其他处理，其他 3 个处理 0~15 cm、15~30 cm 土层中土壤纤维素酶活性均无显著差异，而 30~45 cm 土层 HS 与 RY 和 KQZ 处理无显著差异，RY 处理显著高于 KQZ 处理。各处理 3 个土层碱性磷酸酶活性无显著差异。

表 4-7　不同改良措施对土壤酶活性的影响

处理	脲酶活性/ [mg · (g · 24 h)⁻¹]			蔗糖酶活性/ [mg · (g · 24 h)⁻¹]		
	0~15 cm	15~30 cm	30~45 cm	0~15 cm	15~30 cm	30~45 cm
ZN	0.844 Aa	0.878 Aa	0.804 Aa	39.56 Aa	36.53 Aa	34.80 Aa
RY	1.052 Aa	1.092 Aa	1.052 Aa	36.39 Aa	37.25 Aa	35.72 Aa
HS	1.022 Aa	0.983 Aa	0.954 Aa	33.45 Aa	37.53 Aa	30.94 Aa
KQZ	0.296 Ab	0.285 Ab	0.263 Ab	17.86 Ab	20.26 Ab	17.32 Ab

处理	纤维素酶活性/ [mg · (g · 72 h)⁻¹]			碱性磷酸酶活性/ [mg · (g · 72 h)⁻¹]		
	0~15 cm	15~30 cm	30~45 cm	0~15 cm	15~30 cm	30~45 cm
ZN	13.44 Aa	13.31 Aa	11.50 Aa	2.69 Aa	2.57 Aa	2.27 Aa
RY	8.49 Bb	7.08 Bb	7.98 Bb	2.62 Aa	2.28 Aa	2.16 Aa
HS	8.21 Bb	7.87 Bb	7.54 Bbc	2.23 Aa	2.08 Aa	1.74 Aa
KQZ	6.93 Bb	8.37 Bb	6.39 Bc	3.61 Aa	2.63 Aa	2.50 Aa

4.1.3　结论与讨论

当地盐碱地改良两种常规方法掺混沙子和掺混糠醛渣对比，掺混糠醛渣处理吐丝期玉米根系 SOD 和 POD 活性较高，根干重及玉米产量无显著差异。与盐碱地常规掺混糠醛渣处理比，玉米秸秆还田配施中农绿康和人元秸秆腐熟剂均能提高土壤脲酶、蔗糖酶和纤维素酶活性。

与盐碱地常规掺混沙子处理比，玉米秸秆还田配施中农绿康和人元秸秆腐熟剂均能增加玉米根干重、提高根系 SOD 和 POD 活性，降低根系 MDA 含量，提高吐丝期土壤速效磷含量；中农绿康秸秆腐熟剂降低吐丝期土壤铵态氮和硝态氮含量；碱化土壤玉米秸秆还田配施中农绿康秸秆腐熟剂显著提高玉米产量。

微生物菌剂在改良盐碱化程度相对较低的耕地土壤具有一定的可行性；秸秆腐熟剂中含有大量有机质、土壤有益微生物、秸秆降解功能菌群，其所含微生物降解玉米秸秆，产生大量有机酸，对 0~20 cm 土壤进行有效脱盐，在盐碱条件下使用复合微生物菌剂能有效缓解盐碱胁迫压力[15]；秸秆腐解剂减轻和防止多量秸秆还田给作物生长带来不利影响[16]，增加土壤碱解氮、有效磷、速效钾含量[17-18]；轻中度盐碱障碍土壤的较佳调控措施为秸秆覆盖结合土壤结构调理剂——康地宝[19]；施入不同秸秆腐熟剂后玉米秸秆磷、钾素释放率最高[20]；土壤 pH 值为 8.56 的盐碱地中施加发酵后的玉米秸秆，土壤有机质、速效钾质量分数显著增加[21]；在减施磷、钾肥 20% 情况下，秸秆促腐还田较常规秸秆还田的增肥和培土效果也不会明显下降[22]。秸秆表层覆盖、秸秆深层覆盖和土表与土表下 35~40 cm 处秸秆双层覆盖均在不同程度上抑制了土壤返盐，其中，秸秆双层覆盖返盐率最小；盐碱土秸秆双层覆盖控盐保水效果最好[23]。在 pH 值为 8.52 盐碱土中，发酵秸秆粉的加入，使土壤 pH 值降低，土壤理化性质明显改善[24-25]。本研究中玉米吐丝期，与常规掺混沙子处理比较秸秆还田配施中农秸秆腐熟剂和掺混糠醛渣显著提高碱解氮含量。可推测配施秸秆腐熟剂促进秸秆腐解，加速了秸秆氮素的释放；糠醛渣含有大量的纤维素、半纤维素、木质素和少量的硫酸，能中和碱化土壤 pH 值，改善土壤微环境，为土著微生物提供营养，富集功能微生物，促腐秸秆，从而释放氮素。盐碱地秸秆翻埋早期土壤有效磷和速效钾增加较快，土壤碱解氮后期增加较快，秸秆氮素释放与秸秆自身腐解成近直线正相关[26-27]。本研究中秸秆还田配施人元秸秆腐熟剂处理改善土壤养分没有显著效果，可能是其促腐效果不明显。不同研究结果表明，施加发酵后的玉米秸秆，盐碱地速效钾质量分数显著增加，土壤速效氮和速效磷质量分数有所降低，可能是作物吸收速效养分含量增加导致。

施加 2.5 g/kg 发酵比例为 2∶1 的玉米秸秆和污泥混合发酵的玉米秸秆对盐碱地肥力指标及土壤酶活性的影响最为显著。滨海盐碱地添加蚯蚓蛋白菌肥能增加玉米幼苗地上部和地下部的生物量，增加土壤速效养分含量，降低土壤脲酶和碱性磷酸酶活性[28]；本研究中碱化土壤玉米秸秆还田配施中农绿康、人元秸秆腐熟剂与常规掺混沙子处理相比，未显著提高土壤脲酶、蔗糖酶和碱性磷酸酶活性；由于作物秸秆还田后秸秆腐解受到自身条件、水热条件、土壤条件、外源氮素等相关因素影响[29]，腐解温度、含水量和腐熟剂用量对秸秆腐解率的影响达极显著水平[30]；因此，中农绿康、人元秸秆腐熟剂最佳施用条件有待进一步探索。本研究中碱化土壤玉米秸秆还田配施中农绿康和人元秸秆腐熟剂处理比掺混沙子处理，能提高玉米根干重、根系 SOD 和 POD 活性，降低根系 MDA 含量，从而保持膜系统的稳定性，延缓衰老；其中，秸秆还田配施中农绿康秸秆腐熟剂提高玉米产量，秸秆还田配施秸秆腐熟剂可改变土壤微生物数量，微生物群落在一定程度上影响秸秆分解的速率[31]；前期研究结果表明，秸秆还田配施腐熟剂影响土壤细菌[32]、真菌多样性[33]及原生微生物群落[34]，调节土壤微生物种群结构，从而对植物生长产生一定影响[35]。

4.2 盐碱化草甸土秸秆添加量对玉米种子萌发及幼苗生长特性的影响

盐碱地常用改良剂有生物炭、石膏、秸秆、有机肥，可采取秸秆覆盖[36]、秸秆全量还田结合浅旋耕（15 cm）后再深松（35 cm）[37]、地膜覆盖+秸秆深埋（上膜下秸耦合技术）[38]和石膏与有机肥配施[39]等方式进行脱盐改土。前人研究结果表明，秸秆还田具有抑盐、降盐和改善土壤物理结构的作用，对于改良盐碱土壤具有较好的效果；不同碱化度盐碱地改良最佳秸秆还田量不同，如全覆盖优于播种行覆盖[36]，80%秸秆还田量对苏打盐碱地水稻生长发育和产量形成的促进作用最佳[40]，重度盐碱地秸秆还田至少两倍才能改善土壤特性[41]。增强植物抗盐性的途径包括施加外源物质、利用转基因技术、真菌的协同效应和培育耐盐品种，如添加参与调控植物体内多种生理功能的信号分子，褪黑素[42-44]、过氧化氢[45]、茉莉酸甲酯[46]、谷胱甘肽[47]等；添加抗氧化剂，如水杨酸[48-50]、油菜素内酯[50]、谷胱甘肽[47]等；添加抗盐调节物，如甜菜碱[51]、海藻多糖[52]、黄腐酸[53]等，添加提高植物抗逆性的生物活性物质，如亚精胺[54-55]，外源硅[55]、硒[56]、钙[57]（第二信使）、γ-氨基丁酸[58]；施加 AM 真菌[59]、（碱蓬）内生菌[60]、菌根真菌[61]、解淀粉芽孢杆菌[62]等。植物抗盐性研究主要采用碱性盐（$NaHCO_3$ 和 Na_2CO_3）和中性盐（NaCl 和 Na_2SO_4）、Ca（NO_3）$_2$ 缓解盐构建单盐胁迫，中性盐（NaCl）和碱性盐（$NaHCO_3$）混合模拟盐碱胁迫。本研究以通辽地区苏打盐碱土和玉米秸秆为试材，水培玉米，以期探索玉米秸秆不同添加量对玉米种子萌发及幼苗生长特性、抗盐碱性的影响。

以农华 101 玉米种子、收获期玉米秸秆和通辽地区典型的盐碱土为材料，盐碱土：蒸馏水为 1∶5 的土壤浸出液中加入玉米秸秆粉，制备 0，30，40，50，60 g/L 秸秆粉培养液，作为 5 个处理，水培玉米种子；培养期间测定培养液的 pH 值、电导率、微生物数量及玉米幼苗根系内生菌数量，统计种子发芽率，4 叶期测定幼苗农艺性状及其叶片和根系生理特性指标。结果表明：盐碱土添加玉米秸秆降低 pH 值，降低玉米种子发芽率，但极显著增加幼苗根长、根数和株高；其中，40 g/L 处理对根长、根数的增加幅度最大，0 g/L 处理 2 叶期死亡。添加秸秆极显著增加盐碱土细菌数量，除了 30 g/L，其余处理极显著增加真菌和放线菌数量。根内生真菌和放线菌各处理无显著差异，30 g/L 与 40 g/L 根内生细菌数显著大于 50 g/L 与 60 g/L 处理。40 g/L 叶片 POD 活性极显著大于 50，60 g/L，分别是它们的 2.22 倍和 3.15 倍；叶片 MDA 含量为 60 g/L>50 g/L>30 g/L>40 g/L，处理间差异极显著；叶片 SOD 活性和根系活力为 40 g/L>50 g/L>60 g/L>30 g/L，处理间差异极显著；根系 MDA 含量为 60 g/L>30 g/L>50 g/L>40 g/L，处理间差异极显著；各处理根系 POD 活性规律与根系活力一致。盐碱土添加玉米秸秆可增加玉米幼苗抗盐碱胁迫能力，其中，40 g/L 处理最为显著。

4.2.1 材料与方法

4.2.1.1 试验材料

以农华 101 玉米种子、收获期玉米秸秆和通辽地区典型的盐碱土为材料，盐碱土：蒸馏水为 1∶5 的土壤浸出液中加入玉米秸秆粉，制备 0，30，40，50，60 g/L 秸秆粉培养液，作为 5 个处理，水培玉米种子；盐碱土 pH 值为 8.64，碱化度为 52.43%。

4.2.1.2　试验方法

挑选籽粒饱满、无残缺玉米种子 100 粒，置于发芽盘中，分别加入 0，30，40，50，60 g/L 处理液，置于室温下进行培养，每隔 3 天更新相应的处理液；采用电导仪和 pH 计测定处理液电导率和 pH 值，采用稀释涂布平板法计数处理液微生物数量；幼根长为种子长 1/2 定为发芽标准，每天观察并记录玉米种子发芽数，第 3 天统计玉米种子发芽势，第 7 天统计玉米种子发芽率，并计算其相对发芽指数。4 叶期进行农艺性状，玉米叶片和根系丙二醛含量（MDA）、超氧化物歧化酶（SOD）和过氧化物酶（POD）活性，根系可培养内生菌数量的测定，分别采用卷尺测量、硫代巴比妥酸法、氮蓝四唑光化还原法、愈创木酚法及 I. S Misaghi 等[63] 的方法。

4.2.1.3　数据处理

采用 Excel 2003 和 DPS7.05 统计软件处理相应数据。发芽率计算公式如式（4-1）所示。

$$发芽率=发芽终期正常发芽种子数/供试种子数×100\%　　　　（4-1）$$

4.2.2　结果与分析

4.2.2.1　秸秆添加量对盐碱土水培液离子含量的影响

电导率反映水培液的盐度，是评价水培液对植物产生毒害的重要参数。从表 4-8 可知，随着秸秆添加量的增加，培养 3 天的水培液 pH 值均逐渐降低，培养 1 天和培养 2 天电导率增加，而培养 3 天水培液电导率降低；随着培养时间的推移，各处理 pH 值较稳定，0 g/L 和 30 g/L 处理的电导率增加，其余处理的电导率降低。培养 1 天 0 g/L 与其他处理 pH 值差异极显著，40，50，60 g/L 处理间无差异，30 g/L 与其他添加秸秆处理间 pH 值差异显著；0，30，40，50 g/L 处理间电导率差异极显著。培养 2 天 30，40，50 g/L 处理 pH 值无显著差异，但均与 60 g/L pH 值差异极显著；0 g/L 与其他处理 pH 值差异极显著；除了 30 g/L 和 40 g/L 处理间电导率无显著差异外，其余处理间差异极显著。0，30，40 g/L 处理电导率无显著差异，30，40，50 g/L 处理电导率无显著差异，60 g/L 与其他处理电导率差异极显著。

表 4-8　水培液离子含量变化

处理/ (g·L⁻¹)	培养 1 天		培养 2 天		培养 3 天	
	pH 值	电导率 / (μS·cm⁻¹)	pH 值	电导率 / (μS·cm⁻¹)	pH 值	电导率 / (μS·cm⁻¹)
0	8.21（Aa）	0.68（De）	8.68（Aa）	1.04（Dd）	8.67（Aa）	1.23（Aa）
30	5.90（Bb）	1.17（Cd）	6.54（Bb）	1.21（Cc）	6.53（Bb）	1.21（Aab）
40	5.53（Bc）	1.46（Bc）	6.40（Bb）	1.28（Cc）	6.53（Bb）	1.20（Aab）

表4-8(续)

| 处理/ | 培养1天 | | 培养2天 | | 培养3天 | |
(g·L^{-1})	pH值	电导率 / (μS·cm^{-1})	pH值	电导率 / (μS·cm^{-1})	pH值	电导率 / (μS·cm^{-1})
50	5.37 (Bc)	1.64 (Ab)	6.25 (Bb)	1.43 (Bb)	6.46 (BCb)	1.16 (Ab)
60	5.31 (Bc)	1.81 (Aa)	5.13 (Cc)	1.71 (Aa)	6.30 (Cc)	0.99 (Bc)

注：小写字母表示同列数据差异显著，大写字母表示同列数据差异极显著。下同。

4.2.2.2 秸秆添加量对盐碱土水培液微生物数量的影响

从表4-9可知，水培液中可培养微生物数量为细菌>真菌>放线菌；随着水培液中秸秆添加量的增加，水培液细菌、放线菌和真菌数量均增加；60 g/L处理的细菌、放线菌和真菌数量均极显著大于其他处理；添加秸秆的处理的细菌、放线菌数量均显著大于0 g/L；除了30 g/L外，其余添加秸秆处理真菌数量均大于0 g/L；30 g/L与40 g/L处理细菌数量无显著差异；30，40，50 g/L处理间放线菌数量无显著差异；40 g/L与50 g/L处理真菌数量无显著差异。

表4-9 培养液微生物数量　　　　　　　　　　　单位：cfu/mL

处理/ (g·L^{-1})	细菌/10^9	真菌/10^7	放线菌/10^6
0	1.00 (Cd)	1.88 (Cc)	3.31 (Cc)
30	5.45 (Bc)	2.34 (Cc)	5.84 (BCb)
40	5.52 (Bc)	8.62 (Bb)	7.30 (Bb)
50	15.33 (Bb)	11.27 (Bb)	7.58 (Bb)
60	51.41 (Aa)	40.33 (Aa)	45.50 (Aa)

4.2.2.3 秸秆添加量对盐碱土水培玉米根系内生菌的影响

从表4-10可知，各处理玉米幼苗根系内生真菌和放线菌数量无显著差异；30 g/L与40 g/L、50 g/L与60 g/L处理细菌数量无显著差异，但前两处理极显著大于后两处理。

表4-10 玉米幼苗根内生菌数量　　　　　　　　　单位：cfu/g

处理/ (g·L^{-1})	细菌/10^6	真菌/10^6	放线菌/10^5
30	4.18 (Aa)	3.25 (Aa)	4.52 (Aa)
40	4.30 (Aa)	3.40 (Aa)	3.00 (Aa)
50	0.35 (Bb)	3.82 (Aa)	4.38 (Aa)
60	0.32 (Bb)	3.62 (Aa)	5.10 (Aa)

4.2.2.4 秸秆添加量对盐碱土水培玉米种子发芽率的影响

从表4-11可知，盐碱地添加玉米秸秆均降低玉米种子发芽率；随着秸秆添加量的增加，发芽率呈先增加后降低趋势，40 g/L的发芽率极显著大于30，60 g/L；30，50，

60 g/L 间发芽率无显著差异。

表 4-11　不同处理玉米种子发芽率

处理/（g·L⁻¹）	0	30	40	50	60
发芽率/%	94.33（Aa）	72.01（Cc）	81.12（Bb）	74.23（BCc）	72.34（Cc）

4.2.2.5　秸秆添加量对盐碱土水培玉米幼苗农艺性状的影响

从表 4-12 可知，随着秸秆添加量的增加，玉米幼苗根长、根数和株高呈先增加后降低的趋势，40 g/L 处理的根长和株高极显著大于其他处理。添加秸秆的处理根长和株高极显著大于 0 g/L；60 g/L 根数显著大于 0 g/L，其余处理根数极显著大于 0，30，40，50 g/L 处理根数无显著差异。

表 4-12　玉米幼苗农艺性状

处理/（g·L⁻¹）	根长/cm	根数/个	株高/cm
0	2.2（Dd）	12（Cc）	4.5（Dd）
30	3.4（Cc）	21（ABa）	10.1（Bb）
40	9.7（Aa）	25（Aa）	12.1（Aa）
50	3.7（Bb）	23（Aa）	10.4（Bb）
60	3.5（BCbc）	16（BCb）	7.3（Cc）

4.2.2.6　盐碱土秸秆添加量对玉米幼苗抗胁迫能力的影响

（1）对玉米幼苗叶片生理活性的影响

由于 0 g/L 处理幼苗 2 叶期死亡，未测到其叶片和根系生理指标。从表 4-13 可知，随着玉米秸秆添加量的增加，玉米幼苗叶片 POD 和 SOD 活性呈先增加后降低的趋势，而 MDA 含量呈先降低后增加的趋势。MDA 含量和 SOD 活性处理差异极显著，40 g/L 处理 SOD 极显著大于其余处理，MDA 含量极显著小于其他处理。30 g/L 与 40 g/L、50 g/L 与 60 g/L POD 活性无显著差异。

表 4-13　玉米幼苗叶片生理活性

处理 /（g·L⁻¹）	POD 活性 /［mg·（g·min）⁻¹］	MDA 含量 /（μmol·g⁻¹）	SOD 活性 /［U·（g·FW）⁻¹］
30	0.066（Aa）	13.711（Cc）	1.215（Dd）
40	0.082（Aa）	10.579（Dd）	3.339（Aa）
50	0.037（Bb）	18.435（Bb）	2.430（Bb）
60	0.026（Bb）	26.506（Aa）	1.863（Cc）

（2）对玉米幼苗根系生理活性的影响

从表 4-14 可知，随着玉米秸秆添加量的增加，玉米幼苗根系活力和 POD 活性呈先增加后降低趋势；根系活力处理间差异极显著，40 g/L 极显著大于其他处理，其 POD 活性极显著大于 30 g/L 和 60 g/L，显著大于 50 g/L。

表 4-14　玉米幼苗根系生理活性

处理 / (g·L⁻¹)	根系活力 / [μg·(g·h)⁻¹]	MDA 含量 / (μmol·g⁻¹)	POD 活性 / [mg·(g·min)⁻¹]
30	0.10 (Dd)	33.0225 (Bb)	0.2090 (Cd)
40	0.51 (Aa)	20.7531 (Dd)	0.3450 (Aa)
50	0.32 (Bb)	29.3860 (Cc)	0.3123 (Ab)
60	0.23 (Cc)	40.4316 (Aa)	0.2693 (Bc)

4.2.3　讨论与结论

通过外源物质调控减轻盐胁迫对植物的伤害，增强植物的耐盐性，是缓解盐胁迫的一种重要方式。玉米秸秆含碳、氮、磷、钾、硫、钙、镁等矿质元素，这些都是玉米生长必需的营养元素[64]；添加玉米秸秆和污泥共热解制备的生物质炭能够显著增加盐碱土壤中有机碳含量，水溶性盐含量降低明显[65]；盐碱土秸秆造夹层，秸秆用量为 75000 kg/hm 能够大幅度减少西辽河流域盐碱土总盐含量，降低 pH 值[66]。本试验中盐碱土添加玉米秸秆极显著降低了 pH 值，培养 3 天的添加玉米秸秆的处理显著降低电导率。植物内生细菌具有生长环境独特、种群多样与功能多样等特点，植物内生菌分泌 IAA 和溶解无机磷，提高种子活力，促进胚根发育[67]，对病原菌具有拮抗作用[68]，施有机肥可增加根内生细菌群落多样性[69]。本研究中，40 g/L 处理玉米幼苗根系内生细菌最多，可能含有具有多功能开发潜力的微生物，是 40 g/L 处理各指标优于其他处理的原因之一。

在盐碱土中添加玉米秸秆的处理降低玉米种子发芽率，可能是玉米种子受到盐和秸秆释放出的化感物质双重抑制作用。玉米对盐胁迫较敏感，盐胁迫抑制作物的生理生化过程，M. Djanaguiraman 等[70]研究结果表明，盐胁迫对根系生长的影响小于地上部；在盐胁迫下，叶片生长减缓或停滞，表现为叶面积下降，且叶片变黄、枯萎；本试验 0 g/L 处理幼苗 2 叶期根系生长停滞，根数较少，叶片变黄，枯萎死亡；盐碱土中添加玉米秸秆的处理长势较好，可能是添加玉米秸秆增加了盐碱土中营养元素含量，降低水溶性盐含量，从而降低离子毒害。SOD 是植物抗氧化系统的第一道防线，POD 是一种具有较强适应性的酶，在植物细胞内分布广；植物体内 SOD、POD 活性，在一定的胁迫程度内增加，而胁迫程度超出了一定范围后，会降低[71]。在盐胁迫条件下，较盐高度敏感型玉米，强耐盐型玉米的抗氧化酶活性和抗氧化活性物质含量小幅下降，幼苗叶片中 MDA 含量增幅较小。本试验中，40 g/L 处理玉米幼苗 SOD、POD 活性及根系活力最强，MDA 含量最低；说明盐碱土中添加一定量的玉米秸秆会增强玉米幼苗抗盐性，改善盐碱土的性质，抵御盐胁迫对玉米造成的不良影响。

参考文献

[1] FAROOQ M, HUSSAIN M, WAKEEL A, et al. Salt stress in maize: effects, resistance mechanisms, and management. a review[J]. Agronomy for sustainable development. 2015, 35(2): 461-481.

[2] 葛云, 程知言, 胡建, 等. 不同秸秆利用方式下江苏滨海盐碱地盐碱障碍调控[J]. 江苏农业科学, 2018, 46(2): 223-227.

[3] 巨红雨, 李晓龙, 张琛平. 秸秆深埋对河套灌区盐碱地的改良效果研究[J]. 现代农业, 2017(12): 28-29.

[4] 乔雪涛, 何欣燕, 何俊, 等. 不同秸秆填埋量对盐碱土水盐运移及垂柳反射光谱的影响[J]. 生态学报, 2018, 38(22): 8107-8117.

[5] 赵永敢, 逄焕成, 李玉义, 等. 秸秆隔层对盐碱土水盐运移及食葵光合特性的影响[J]. 生态学报, 2013, 33(17): 5153-5161.

[6] 赵永敢, 王婧, 李玉义, 等. 秸秆隔层与地覆膜盖有效抑制潜水蒸发和土壤返盐[J]. 农业工程学报, 2013, 29(23): 109-117.

[7] 虎胆·吐马尔白, 吴旭春, 等. 不同位置秸秆覆盖条件下土壤水盐运动实验研究[J]. 灌溉排水学报, 2006(1): 34-37.

[8] MAHMOODABADI M, YAZDANPANAH N, SINOBAS L, et al. Reclamation of calcareous saline sodic soil with different amendments(I): redistribution of soluble cations within the soil profile[J]. Agricultural water management, 2013, 120: 30-38.

[9] 孙佳杰. 滨海盐渍土微生物分布及菌肥改良效果研究[D]. 天津: 天津理工大学, 2010.

[10] 张雯雯. 蚯蚓和菌根协同促进盐碱地玉米生长的作用机理[D]. 北京: 中国农业大学, 2018.

[11] 逄焕成, 李玉义, 于天一, 等. 不同盐胁迫条件下微生物菌剂对土壤盐分及苜蓿生长的影响[J]. 植物营养与肥料学报, 2011, 17(6): 1403-1408.

[12] 王金满, 白中科, 叶驰驱, 等. 脱硫石膏与微生物菌剂联合施用对盐碱化土壤特性的影响[J]. 应用基础与工程科学学报, 2015, 23(6): 1080-1087.

[13] RAVINDRAN K C, VENKATESAN K, BALAKRISHNAN V, et al. Restoration of saline land by halophytes for Indian soils[J]. Soil biology and biochemistry, 2007, 39(10): 2661-2664.

[14] 王若水, 康跃虎, 万书勤, 等. 水分调控对盐碱地土壤盐分与养分含量及分布的影响[J]. 农业工程学报, 2014, 30(14): 96-104.

[15] 宋燕飞, 金忠华, 孙丹丹. 盐碱胁迫下复合微生物菌剂对玉米根系性状的影响[J]. 杂粮作物, 2008(3): 160-162.

［16］ 李庆康,王振中,顾志权,等.秸秆腐解剂在秸秆还田中的效果研究初报［J］.土壤与环境,2001(2):124-127.

［17］ 王静,肖国举,张峰举,等.秸秆还田配施腐熟剂对银北盐碱地改良效果研究［J］.干旱地区农业研究,2017,35(6):209-215.

［18］ 逢焕成,李玉义,严慧峻,等.微生物菌剂对盐碱土理化和生物性状影响的研究［J］.农业环境科学学报,2009,28(5):951-955.

［19］ 刘广明,杨劲松,吕真真,等.不同调控措施对轻中度盐碱土壤的改良增产效应［J］.农业工程学报,2011,27(9):164-169.

［20］ 匡恩俊,迟凤琴,宿庆瑞,等.3 种腐熟剂促进玉米秸秆快速腐解特征［J］.农业资源与环境学报,2014,31(5):432-436.

［21］ 韩剑宏,王旭平,张连科,等.发酵玉米秸秆对盐碱地土壤肥力指标的影响［J］.灌溉排水学报,2017,36(12):56-61.

［22］ 马超,周静,刘满强,等.秸秆促腐还田对土壤养分及活性有机碳的影响［J］.土壤学报,2013,50(5):915-921.

［23］ 王曼华,陈为峰,宋希亮,等.秸秆双层覆盖对盐碱地水盐运动影响初步研究［J］.土壤学报,2017,54(6):1395-1403.

［24］ 徐娜娜,解玉红,冯炘.添加秸秆粉对盐碱地土壤微生物生物量及呼吸强度的影响［J］.水土保持学报,2014,28(2):185-188.

［25］ 韩剑宏,王旭平,张连科,等.玉米秸秆与污泥的腐解物对盐碱地化学指标的影响［J］.水土保持研究,2017,24(3):103-107.

［26］ 刘少东,汪春,姜薇,等.松嫩平原盐碱地玉米秸秆腐解规律试验研究［J］.黑龙江农业科学,2018(11):20-25.

［27］ 张经廷,张丽华,吕丽华,等.还田作物秸秆腐解及其养分释放特征概述［J］.核农学报,2018,32(11):2274-2280.

［28］ 王福友,王冲,刘全清,等.腐植酸、蚯蚓粪及蚯蚓蛋白肥料对滨海盐碱土壤的改良效应［J］.中国农业大学学报,2015,20(5):89-94.

［29］ 葛选良,于洋,钱春荣.还田作物秸秆腐解特性及相关影响因素的研究进展［J］.农学学报,2017,7(7):17-21.

［30］ 苏瑶,贾生强,何振超,等.利用响应曲面法优化秸秆腐熟剂的腐解条件［J］.浙江农业学报,2019,31(5):798-805.

［31］ 张红,吕家珑,曹莹菲,等.不同植物秸秆腐解特性与土壤微生物功能多样性研究［J］.土壤学报,2014,51(4):743-752.

［32］ 杨恒山,萨如拉,邰继承,等.不同质地土壤细菌多样性对玉米秸秆还田配施腐熟剂的响应［J］.土壤通报,2019,50(6):1352-1360.

［33］ 萨如拉,杨恒山,邰继承,等.秸秆还田条件下腐熟剂对不同质地土壤真菌多样性的

影响[J].中国生态农业学报(中英文),2020,28(7):1061-1071.

[34] MAWARDA P C,ROUX X L,ELSAS J D V,et al.Deliberate introduction of invisible invaders:a critical appraisal of the impact of microbial inoculants on soil microbial communities[J].Soil biology and biochemistry,2020,148:107874.

[35] 于翠,夏贤格,董朝霞,等.秸秆还田配施化肥与秸秆腐熟剂对玉米土壤微生物的影响[J].湖北农业科学,2018,57(S2):53-57.

[36] 南镇武,孟维伟,刘柱,等.不同覆盖方式对盐碱地花生生长发育和土壤水盐变化的影响[J].花生学报,2020,49(1):41-46.

[37] 翟明振,胡恒宇,宁堂原,等.盐碱地玉米产量及土壤硝态氮对深松耕作和秸秆还田的响应[J].植物营养与肥料学报,2020,26(1):64-73.

[38] 靳亚红,杨树青,张万锋,等.秸秆与地膜覆盖方式对咸淡交替灌溉模式下水盐调控及玉米产量的影响[J].中国土壤与肥料,2020(2):198-205.

[39] 舒晓晓,齐丽,叶胜兰.不同改良剂对盐碱土植株生长发育的影响[J].西部大开发(土地开发工程研究),2020,5(4):41-45.

[40] 张巳奇.秸秆还田对苏打盐碱地水稻生长发育及产量的影响[D].长春:吉林农业大学,2019.

[41] 李斌,王家平,李鲁华,等.油菜秸秆还田对盐碱地油菜根系生长发育的影响[J].新疆农垦科技,2018,41(11):24-29.

[42] 高文英.褪黑素在盐胁迫条件下对莱茵衣藻和莜麦抗氧化能力的影响[D].西安:西北大学,2019.

[43] 刘洋.外源褪黑素对 NaCl 胁迫下菊花生理特性的影响[D].泰安:山东农业大学,2019.

[44] 袁志刚.外源褪黑素在维持盐胁迫下棉花种子萌发和幼苗生长中的应用[D].秦皇岛:河北科技师范学院,2018.

[45] 冯玉龙.H_2O_2调控盐胁迫下番茄幼苗生长的研究[D].石河子:石河子大学,2019.

[46] 余霞霞.MeJA 提高甘草种子萌发及幼苗耐盐性的机理研究[D].银川:宁夏医科大学,2019.

[47] 周艳.GSH 缓解番茄幼苗盐胁迫的耐盐机制研究[D].石河子:石河子大学,2019.

[48] 赵宝泉,邢锦城,王静,等.水杨酸对盐胁迫下杭白菊幼苗生长和生理特性的影响[J].吉林农业大学学报,2020,42(4):370-379.

[49] 许凌欣.水杨酸对 NaCl 胁迫下肥皂草形态和生理特性的影响[D].哈尔滨:东北林业大学,2019.

[50] 孙彤彤.外源 SA、BR 对黄瓜 $Ca(NO_3)_2$ 胁迫逆境的诱抗作用及其机理研究[D].秦皇岛:河北科技师范学院,2019.

[51] 马婷燕,李彦忠.外源甜菜碱对 NaCl 胁迫下紫花苜蓿种子萌发及幼苗抗性的影响

[J].草业科学,2019,36(12):3100-3110.

[52] 刘宏.蜈蚣藻多糖对水稻种子抗盐作用研究[D].青岛:中国科学院大学(中国科学院海洋研究所),2019.

[53] 杨澜.黄腐酸对平邑甜茶和八棱海棠耐盐生理特性的影响[D].泰安:山东农业大学,2019.

[54] 麻云霞,李钢铁,梁田雨,等.外源 NO 对酸枣幼苗抗盐性的影响[J].水土保持学报,2018,32(6):371-378.

[55] 韩静,李旭芬,石玉,等.盐胁迫下外源 Si 和 Spd 对番茄幼苗生长及光合荧光特性的影响[J].东北农业大学学报,2019,50(11):17-23.

[56] 位晶.外源硒对玉米根系形态和养分吸收的影响及在盐胁迫中作用[D].保定:河北大学,2019.

[57] 马亮.SOS 途径通过膜联蛋白 AtANN4 介导盐胁迫下钙信号特异性调控机制的研究[D].北京:中国农业大学,2019.

[58] 靳晓青.外源 γ-氨基丁酸调控活性氧和叶绿素代谢增强甜瓜幼苗盐碱胁迫耐性[D].咸阳:西北农林科技大学,2019.

[59] 王敏强.盐胁迫下 AM 真菌对不同性别桑树幼苗生理生态特性的调控作用[D].杭州:浙江农林大学,2019.

[60] 刘畅.碱蓬内生菌对盐胁迫下水稻幼苗代谢组学及 WRKY 基因表达的影响[D].沈阳:沈阳师范大学,2019.

[61] 高娅.菌根真菌对盐胁迫下核桃幼苗生长与生理特性的影响[D].泰安:山东农业大学,2019.

[62] 王华笑,刘环,杨国平,等.Bacillus amyloliquefaciens YM6 对盐胁迫条件下玉米幼苗生理及生化的影响[J].西北农业学报,2020,29(3):436-443.

[63] MISAGHI I S,DONNDELINGER C R.Endophytic bacteria in symptom-free cotton plants[J].Phytopathology,1990,80(9):808-811.

[64] 王革华.实现秸秆资源化利用的主要途径[J].上海环境科学,2002,11:8-10.

[65] 韩剑宏,李艳伟,姚卫华,等.玉米秸秆和污泥共热解制备的生物质炭及其对盐碱土壤理化性质的影响[J].水土保持通报,2017,37(4):92-98.

[66] 任强.玉米秸秆造夹技术对盐碱土的改良效果研究[C]//内蒙古自治区科学技术协会.科技创新与经济结构调整:第七届内蒙古自治区自然科学学术年会优秀论文集.呼和浩特:内蒙古人民出版社,2012:351-355.

[67] 张凯晔,刘晓琳,董小燕,等.田菁种子内生菌的分离及其对萌发的影响[J].中国农业科技导报,2020,22(6):40-48.

[68] 焦蓉,何鹏飞,王戈,等.内生菌 YN201728 的定殖能力及其防治烟草白粉病的效果研究[J].核农学报,2020,34(4):721-728.

［69］ 喻江,于镇华,IKENAGA M,等.施用有机肥对侵蚀黑土玉米苗期根内生细菌多样性的影响[J].应用生态学报,2016,27(8):2663-2669.

［70］ DJANAGUIRAMAN M,SHEEBA J A,SHANKER A K,et al.Rice can acclimate to lethal level of salinity by pretreatment with sublethal level of salinity through osmotic adjustment[J].Plant and soil.2006,284(1/2):363-373.

［71］ 陶晶,陈士刚,秦彩云,等.盐碱胁迫对杨树各品种丙二醛及保护酶活性的影响[J].东北林业大学学报,2005,33(3):14-16.